Kreisläufe und Ökosysteme

NATUR · MENSCH · TECHNIK

Lehrbuch für den Lernbereich Naturwissenschaften

Herausgeber
Dr. habil. Bernd Raum
Dr. Gerd-Dietrich Schmidt

DUDEN PAETEC Schulbuchverlag

Berlin · Frankfurt a. M.

Reihe Natur · Mensch · Technik
Titel Bewegung in Natur und Technik

Herausgeber der Reihe
Dr. habil. Bernd Raum
Dr. Gerd-Dietrich Schmidt

Autoren
Dr. Claus Dalchow
Dr. Ruth Ellerbrock
Roland Ginther
Dr. habil. Bernd Raum
Dr. Gerd-Dietrich Schmidt
Prof. Dr. habil. Wolfgang Schlimme
Prof. Dr. habil. Erwin Zabel

Dieses Lehrbuch enthält Vorschläge und Anleitungen für **Untersuchungen** und **Experimente.**
Vor jedem Experiment sind mögliche Gefahrenquellen zu besprechen. Die Gefahrenstoffe sind mit den entsprechenden Symbolen gekennzeichnet.
Experimente werden ausschließlich auf Anweisung der Lehrkraft durchgeführt. Solche mit Gefahrenstoffen dürfen nur unter Aufsicht der Lehrerin/des Lehrers oder der Eltern durchgeführt werden.
Beim Experimentieren sind die Richtlinien zur Sicherheit im naturwissenschaftlichen Unterricht einzuhalten.

2. überarbeitete Auflage *
1 5 4 3 2 1 | 2012 2011 2010 2009 2008
Alle Drucke dieser Auflage können im Unterricht nebeneinander benutzt werden.
Die letzte Zahl bezeichnet das Jahr dieses Drucks.

Internet www.duden-paetec.de

Redaktion Dr. habil. Bernd Raum, Dr. Solveig Schmitz
Umschlaggestaltung Bärbel Fischer, Britta Scharffenberg
Layout Claudia Kilian, Manuela Liesenberg
Grafik und Karten Joachim Barig, Denise Faber, Christiane Gottschlich, Urs Jäggi †, Claudia Kilian, Jens Knöpke, Gabriele Lattke, Manuela Liesenberg, Christiane Mitzkus, Heike Möller, Jens Prockat, Walther-Maria Scheid, Sybille Storch
Titelbild Schirmpilz im Laub; panthermedia/Hermann Kienast
Druck und Bindung Saaledruck GmbH, Naumburg

ISBN 978-3-89517-824-5 (1. Auflage)
ISBN 978-3-8355-3022-5

Inhaltsverzeichnis

Bildquellenverzeichnis

A1PIX/EAB: 52/1; adpic Bildagentur/M. Baumann: 53/1; adpic Bildagentur/P. Schumacher: 46/1; Eric Nathan/Alamy: 58/2; PCL/Alamy: 60/1; Berliner Wasserbetriebe: 11/3; BilderBox Bildagentur GmbH: 16/1; Dr. Konrad Billwitz, Hude: 39/1; BMW Rolls-Royce GmbH: 21/1; CNH Deutschland GmbH: 42/1; 47/1; 52/2; Corel Photos Inc.: 6; 7; 16/3; 32/3; 38/2a,b; 65/1; 68/2; Daimler Chrysler Konzernarchiv: 73/1; Deutsche Gesellschaft für Kunststoff-Recycling mbH (DKR), Köln: 18/3; Duales System Deutschland AG: 21/2; F.A. Brockhaus, Leipzig, Mannheim: 10/2; 66; Dr. Tilo Geisel: 8/1; Gerolsteiner Brunnen: 21/3; Steffen Hübsch, Stadt Wehlen: 30/3; Michael Fernahl/iStockphoto: 50/1; Alexander Hafemann/iStockphoto: 74; Torsten Karock/iStockphoto: 54/3; Jeroen Peys/iStockphoto: 59/2; Kraftwerk Rostock: 19/1; G. Liesenberg: 16/2; 31/1; mauritius images: 72/1; mauritius images/Thorsten Milse: 57/3; mauritius images/Oxford Scientific: 59/3; mauritius images/Camara Tres: 57/4; Lothar Meyer: 38/1; NASA: 62/1,3; NASA/Visible Earth/AVHRR: 63/1; Z. Neuls, Berlin: 50/2; Panther-Media: 78/1; panthermedia/Enrico Schade: 5; panthermedia/F. Von Goetz: 41/2; panthermedia/Sonja Gutow: 61/2; H-U. Pews, Berlin: 45/2; 76; Photo Disc Inc.: 22/3; 60/3; PHYWE SYSTEME GmbH & Co. KG, Göttingen: 51/1, 51/2; picture-alliance/AFP/epa: 70/3; picture-alliance/dpa: 12/1; 30/1; 41/1; 53/2; 58/3; 69/2; 70/2; picture-alliance/dpa/ZB: 68/1; picture-alliance/OKAPIA KG, Germany: 33/1; 54/1; 59/1; picture-alliance/OKAPIA KG/Harald Braun: 55/3; picture-alliance/OKAPIA/Walter Geiersperger: 42/2; picture-alliance/ZB: 13/3; 18/1; Pitopia/Maik Black, 2006: 43/2; W. Probst, Flensburg: 55/4; B. Raum, Neuenhagen: 8/2,3; 18/2; 28/1; 30/2; 33/2; 39/2,3; 40/1a,b; 41/3; 43/1,3; 44/1; 45/1,3; 46/2; 47/3; : 49; 50/4; 54/2; 55/2; 61/3; 65/2,3; 71/3a,d; N. Schlaak, Altenhof: 56/2a,b; 71/3c; Schlimme, W., Rehfelde: 55/5; 57/2; 78/2; S. Schmitz: 47/2; 71/3b; Siemens AG/München: 53/3; Silvestris GmbH, Kastl: 42/3; 43/4; Jürgen Vollmar, Schloss Holte-Stukenbrock: 50/3.

Kreisläufe und Ökosysteme – notwendige Lebensgrundlage für die Menschen

Ökosysteme sind komplizierte Wirkungsgefüge aus lebenden und nicht lebenden Elementen. Sie besitzen eine begrenzte Fähigkeit, sich selbst zu regulieren. Für den Menschen, der selbst zu den lebenden Elementen zählt, stellen ökologische Systeme die entscheidende natürliche und wirtschaftliche Lebensgrundlage dar. Sie sind nicht nur für Freizeit und Erholung von Bedeutung.

Ökosysteme reagieren sehr empfindlich, aber verzögert auf Veränderungen von außen und in ihrem Innern. Gegenwärtig gibt es – bedingt durch ihre fortschreitende Zerstörung durch den Menschen – nur noch wenige intakte Ökosysteme auf der Erde. Sie sind zu Überlebensräumen für die Artenvielfalt der Lebewesen geworden.

Ökosysteme können nur funktionieren, sich erhalten und weiterentwickeln, wenn ihre natürlichen Kreisläufe intakt sind. Diese sind auch die Grundlage für die vom Menschen genutzte und beabsichtigte Biomasseproduktion. Natürliche Kreisläufe werden durch die Artenvielfalt ermöglicht. Davon werden aufgrund ihrer Unscheinbarkeit die Wirbellosen oft unterschätzt. Würden die Wirbellosen aus den Ökosystemen verschwinden, käme das Leben insgesamt in kürzester Zeit zum Stillstand.

Wie funktionieren die natürlichen Kreisläufe als Bestandteil von Ökosystemen? Wie müssen die Menschen in Kenntnis der naturgesetzlichen Zusammenhänge ihre Wirtschaft betreiben, um Kreisläufe und damit Ökosysteme zu erhalten?

Alle Elemente von Ökosystemen stehen untereinander in vielfältigen Wechselbeziehungen. Daher reagieren bei Einflüssen durch den Menschen nicht nur einzelne Ökosystemelemente, sondern das ganze System. Das geschieht unabhängig davon, ob es sich um direkte oder um indirekte Einflüsse handelt. Wenn sich das Weltklima weiter erwärmt, wird sich ausnahmslos jedes Ökosystem unumkehrbar verändern, auch wenn es die Menschen nicht direkt schädigen wird. So sind bereits 70 % der Korallen im Indischen Ozean durch die zunehmende Erwärmung des Wassers vernichtet worden.

Was muss getan werden, um eine weitere Erwärmung des Weltklimas durch menschliche Einflüsse zu verhindern? Welche Möglichkeiten sind durch die Entwicklung von Umwelttechnik, welche durch das Verhalten der Menschen zum Schutz der Ökosysteme gegeben?

Die heutige Weltwirtschaft ist noch immer auf Wachstum eingestellt. Durch die in Ökosystemen enthaltene Pufferung verzögern sich die Wirkungen von umfangreicher Rohstoffnutzung und Abfallabgabe zeitlich. Warnsignale der Natur werden oft missachtet oder gar geleugnet. Doch unsere Erde ist begrenzt. Sie wächst nicht, obwohl sie sich entwickelt. Deshalb kann auch materielles Wachstum – einschließlich des Bevölkerungswachstums – nicht endlos weitergehen. Um den Zusammenbruch der Ökosysteme zu verhindern, müssen Wirtschaft und Lebensweise der Menschen vom Wachstum zur Entwicklung übergehen. Diese Entwicklung muss nachhaltig sein.

Welche Gründe gibt es dafür, dass die Menschheit heute noch vor allem auf Wachstum setzt? Was wird unter nachhaltiger Entwicklung verstanden, welche Anforderungen stellt diese an eine ökologisch betriebene Wirtschaft und an ein Leben im Einklang mit der Natur?

1 Kreisläufe in Natur und Gesellschaft

Fängt alles im Frühling an?

Im Frühling sprießen die Knospen, beginnt in Zonen mit thermischen Jahreszeiten das Pflanzenwachstum aufs Neue. Mit der Samenbildung und dem Laubwurf wird das Ende des Pflanzenjahres sichtbar.

Welche Stationen gehören zu Kreisläufen in der lebenden Natur?
In welche größeren Kreisläufe sind die jahreszeitlichen Rhythmen der Pflanzenwelt eingebunden?

Der Mensch bedient sich

Der Mensch entnimmt der Natur für seine Zwecke in großem Ausmaß die verschiedensten Stoffe und verändert sie. Auf diese Weise greift er in natürliche Kreisläufe ein und er entwickelt technische Kreisläufe.

Welche Folgen haben Nutzung, Veränderung und Schaffung von Stoffen durch den Menschen?
Woraus ergibt sich die Notwendigkeit einer Kreislaufwirtschaft?

Kreisläufe haben Speicher

In natürlichen Kreisläufen befinden sich Speicher, deren Verhältnis langfristig zu Gleichgewichten im Kreislauf führt. Störungen von Gleichgewichten ergeben sich aus Veränderungen der Speicherinhalte.

Existieren Speicher auch innerhalb des vom Menschen geschaffenen Wirtschaftskreislaufs?
Wieso kommt dem Geld eine so überragende Rolle in der Gesellschaft zu?

1.1 Natürliche Kreisläufe

Kreisläufe in der Natur sind Stoffkreisläufe, die durch *Energie*flüsse aufrechterhalten werden. Stoffe werden innerhalb bestimmter Zeiten von einem angenommenen Ort über mehrere Zwischenstationen schließlich wieder zum Ausgangsort transportiert. Dabei unterliegen sie in unterschiedlichem Maße verschiedenen physikalischen, chemischen oder biogeochemischen Zustandsveränderungen. Zwischen den jeweiligen Kreislaufelementen werden *Informationen* übertragen.

Es gibt Kreisläufe in der nicht lebenden und in der lebenden Natur. Häufig sind Organismen und abiotische Natur durch Stofftransporte miteinander verbunden. Stoffkreisläufe finden sowohl kleinräumig als auch weltweit statt (s. S. 10).

Von übergreifender Bedeutung in der Natur, aber auch für die Technik und das Leben und Wirtschaften der Gesellschaft sind der Wasserkreislauf, der Kohlenstoffkreislauf und der Stickstoffkreislauf.

Zum natürlichen **Wasserkreislauf** gehören die Wasserhaushaltsgrundelemente Niederschlag, Abfluss, Verdunstung und Wasserdampf- bzw. Wolkentransport. Sie weisen in Abhängigkeit von der Größe und den geografischen Bedingungen eines Raumes unterschiedliche Werte auf. Im Wasserkreislauf wechselt das Wasser z. T. seinen Aggregatzustand. Die vom Wasser im Kreislauf zurückzulegenden Wege und die Transportgeschwindigkeit sind stark von den wechselnden Bedingungen, wie Wassermenge, Temperatur, Oberflächenbeschaffenheit oder Windgeschwindigkeit, abhängig.

Im Wasserkreislauf sind verschiedene Zwischenstationen oder **Speicher** vorhanden. Dazu gehören neben den Gletschern, dem Permafrost und dem fossilen Grundwasser auch die Organismen und der Boden (Abb. 1).

Wasser kann aus dem Boden, aus stehenden oder fließenden Oberflächengewässern und auch aus der Luft von **Organismen** aufgenommen werden. Erst nach dem Ausscheiden des Wassers durch Pflanze oder Tier gelangt es wieder in die Luft oder den Boden und nimmt aufs Neue am Kreislauf teil. Pflanze und Tier wirken als Zwischenstationen bzw. Speicher im Kreislauf. Insgesamt speichern die Organismen der Erde 1 120 km^3 Wasser.

Ein verbreiteter Speicher für Wasser ist der **Boden** (Abb. 2). Vom Boden kann Wasser – weltweit sind es 16 500 km^3 – als Kapillarwasser und als Bodenwasserfilm gespeichert werden oder als Sickerwasser in tiefere Boden- und Gesteinsschichten gelangen, wo es sich als Grundwasser sammelt.

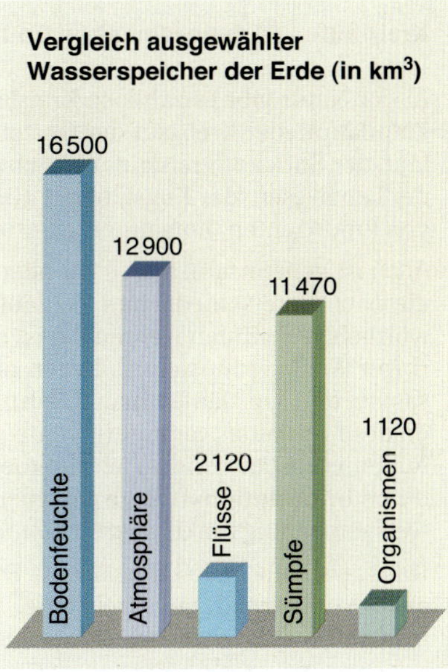

1 So bedeutsam der Boden und die Organismen als Wasserspeicher sind – ihr Anteil an der Gesamtwassermenge der Erde ist vergleichsweise gering. Selbst bei Gletschern und Schnee sind es mit 24 064 000 km^3 erst 1,74 %.

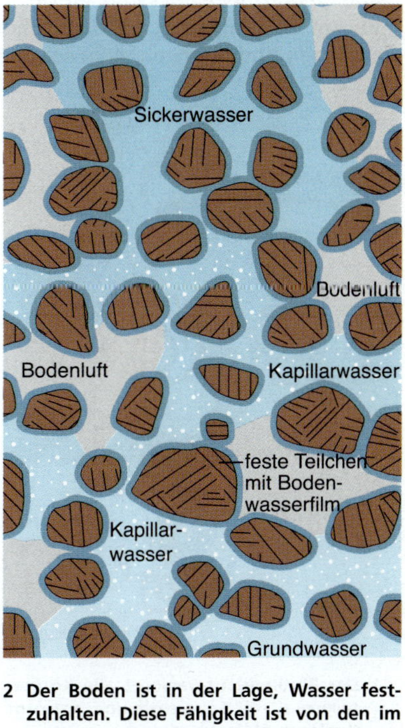

2 Der Boden ist in der Lage, Wasser festzuhalten. Diese Fähigkeit ist von den im Boden enthaltenen Poren und deren Größe (Porenvolumen) abhängig.

Kreisläufe – Gemeinsamkeiten und Unterschiede

In der Natur gibt es zahllose Kreisläufe. Beispiele dafür sind der Wasserkreislauf, die atmosphärische Zirkulation, der Kreislauf der Gesteine, der Blutkreislauf, der Kohlenstoffkreislauf, der Sauerstoffkreislauf, der Stickstoffkreislauf, der Schwefelkreislauf, der Phosphorkreislauf, der Kalkkreislauf, der Zyklus der Lebewesen, der Kreislauf des Generationswechsels bei Moos- und Farnpflanzen oder der Kreislauf von Produzenten, Konsumenten und Destruenten.

Allen ist gemeinsam, dass – vor allem durch die Medien Wasser und Luft – **Stoffe** transportiert werden, die nach unterschiedlichen Zeitläufen wieder am Ausgangspunkt ankommen. Das darf jedoch nicht wörtlich genommen werden. So ist es sehr unwahrscheinlich, dass das Wasser, das z. B. über dem Thüringer Wald verdunstet, als Regen oder Schnee die Erdoberfläche auch dort wieder erreicht. Gemeinsam ist den Kreisläufen in der Natur auch, dass die in ihnen transportierten Stoffe von Station zu Station des Kreislaufes verändert werden, aber am „Ende“ nicht nur ihren Ausgangsort, sondern auch ihren Ausgangszustand wieder einnehmen. Kreisläufe werden durch **Energieflüsse** in Gang gehalten und durch **Informationsströme** gesteuert. Kreisläufe setzen sich oft aus Teilkreisläufen zusammen, die relativ eigenständig funktionieren können. Mehrere Kreisläufe greifen ineinander.

Das Kreislaufprinzip schließt eine Entwicklung in der Natur nicht aus. Veränderte Bedingungen wirken auch verändernd auf Kreisläufe. Und das Kreislaufprinzip schließt – bei einer räumlichen Betrachtungsweise – sowohl Stoffverluste als auch Stoffgewinne nach und von außen ein.

Zwischen Kreisläufen bestehen deutliche Unterschiede. So ist der **Blutkreislauf** (Abb. 1) an den einzelnen Organismus gebunden. Das Blut ändert im Unterschied zum Wasser im Wasserkreislauf seinen Aggregatzustand nicht. Es hat kurze Wege zurückzulegen und es gibt einen zentralen Antrieb.

Beim **Generationswechsel des Farns** dauert es ein ganzes Jahr, bis der Kreis geschlossen ist. Es bilden sich in dieser Zeit acht verschiedene Zustände aus, die zu einer ungeschlechtlichen und zu einer geschlechtlichen Generation zusammengefasst werden können.

Der **Phosphorkreislauf** (Abb. 2) verbindet lebende und nicht lebende Natur. Anders als beim Kohlenstoff oder Stickstoff gibt es unter den natürlichen Bedingungen der Erde keine gasförmigen Phosphorverbindungen. Entsprechend sind sie fast ausschließlich in Boden, Wasser und Sedimenten zu finden und gelangen nicht so ohne Weiteres in die Atmosphäre.

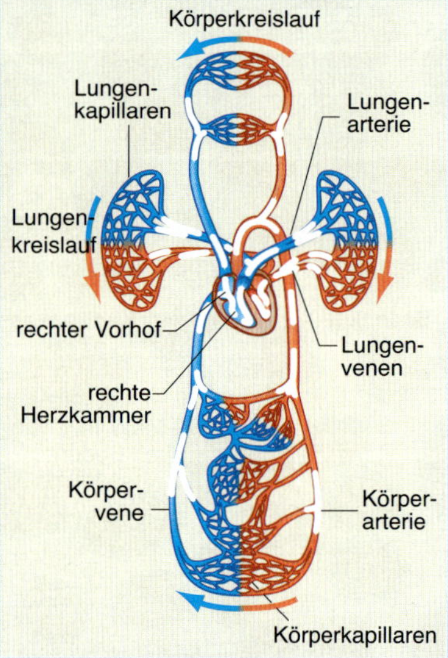

1 Der Blutkreislauf versorgt alle Körperteile u. a. mit Sauerstoff und entsorgt Kohlenstoffdioxid.

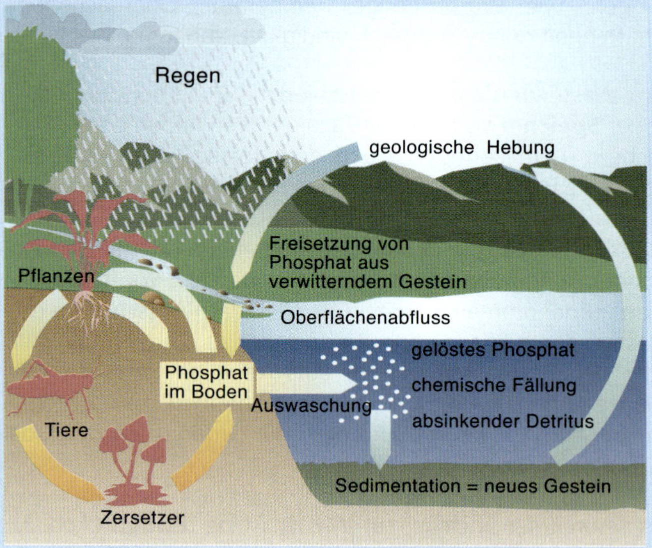

2 Ähnlich wie Kohlenstoff und Stickstoff durchläuft auch das chemische Element Phosphor einen natürlichen Kreislauf. Es wird durch physikalische und chemische Verwitterungsvorgänge aufbereitet.

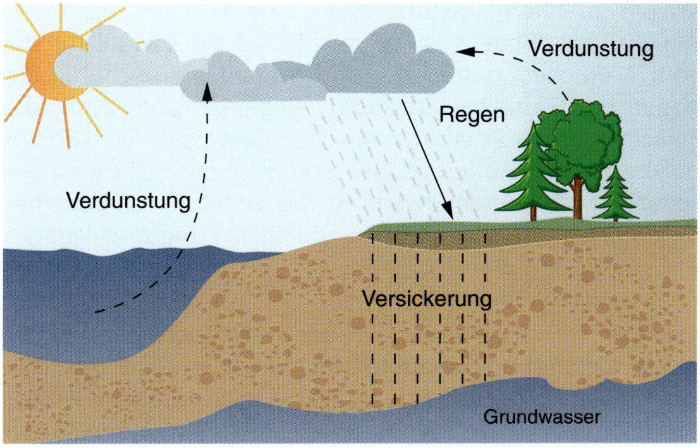

1 **Nicht nur im globalen Wasserkreislauf können verschiedene Teilkreisläufe (über dem Land, über dem Meer, zwischen Land und Meer) unterschieden werden. Das ist auch in regionalen Kreisläufen möglich.**

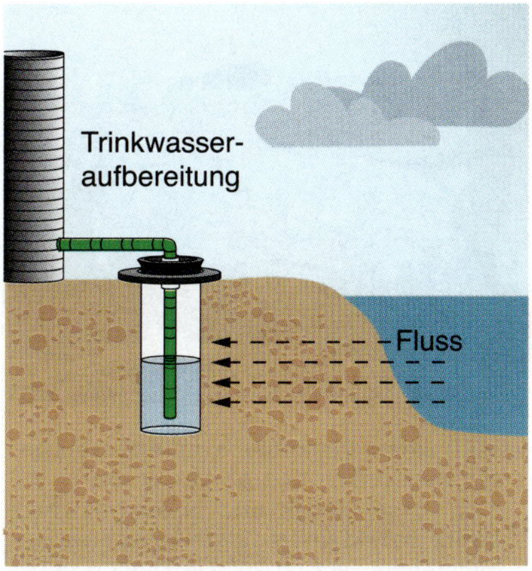

2 **Bei der Uferfiltration wird am Gewässer ein Brunnen gebohrt, der durch den Boden sickerndes (Roh-)Wasser fördert.**

Die Grundwasserneubildung nimmt häufig größere Zeiträume (bis Jahrzehnte) in Anspruch.

Der natürliche Wasserkreislauf (Abb. 1) ist vielfältigen direkten und indirekten **Eingriffen des Menschen** ausgesetzt. Dazu gehören alle Einwirkungen, die den Wasserkreislauf behindern oder beschleunigen, einschließlich der Veränderungen von Speichern.

Bereits die **Entnahme von Wasser,** z. B. aus dem **Grundwasser,** kann den Wasserkreislauf einer Region empfindlich stören. So ist die Grundwassermenge, die heute in Trockengebieten der Erde mit elektrischen Pumpen aus Tiefbrunnen gefördert wird, um 10er Potenzen größer als die Wassermenge, mit der sich die Vorräte wieder auffüllen können. So kann es geschehen, dass diese Brunnen trocken fallen, weil der Grundwasserspiegel immer weiter sinkt. Schäden können sogar an der Erdoberfläche entstehen. Weil in der Tiefe ein Unterdruck entsteht, kann in Nähe zur Meeresküste Salzwasser in die genutzten Gesteinsschichten eindringen und so das restliche Grundwasser unbrauchbar machen. In manchen Großstädten Europas wird durch künstliche Versickerung von Oberflächenwasser das Grundwasser aufgefüllt (Abb. 3). Dabei erfolgt wie bei der Uferfiltration (Abb. 2) bereits eine Vorreinigung des Wassers.

3 **Die Grundwassererneuerung wird in Regionen mit reichlichem Angebot an Oberflächenwasser durch Einleiten in Sickerbecken unterstützt, die mit Sand gefüllt sind.**

Genutztes Wasser wird meist als **Abwasser** – direkt oder über Kläranlagen – aber auch über Kühltürme von Wärmekraftwerken der Natur zurückgegeben. Geklärtes Abwasser muss anderenorts, nicht selten flussabwärts, wiederum als Rohwasser für Trink- oder Brauchwasser verwendet werden. Dafür wird es an vielen Orten als **Uferfiltrat** gewonnen. Dabei wird die Fähigkeit des Bodens, Stoffpartikel aus dem

4 **Die Filterfunktion des Bodens ist u. a. vom Porenvolumen, dem die Korngrößenverhältnisse zugrunde liegen, abhängig. Sind die Poren durch Stoffpartikel weitgehend zugesetzt, kann der Boden diese Funktion nicht mehr ausführen.**

1 **Nach einem Dammbruch im Absetzbecken für blausäurehaltige Abwässer des in Rumänien gelegenen und in australischem Besitz befindlichen Goldbergwerkes verendeten im Februar 2000 in Theiß und Donau massenhaft Nutzfische an der Wirkung von hochgiftigem Cyanid.**

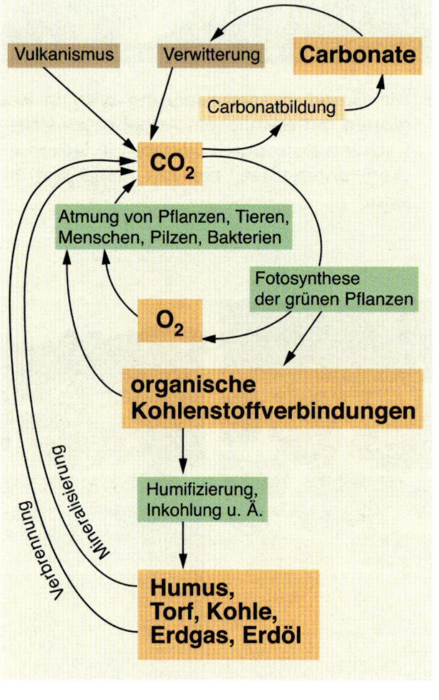

2 **Bei der Fotosynthese wird in den grünen Pflanzen Kohlenstoffdioxid aus der Luft und Wasser mit Hilfe des Sonnenlichtes in energiereiche organische Verbindungen (Glucose) umgewandelt. Dieser Vorgang wird bei Atmung und Verbrennungsprozessen umgekehrt.**

Wasser zu filtern, genutzt (S. 11, Abb. 4). Doch die Filterfähigkeit des Bodens ist begrenzt. Dies gilt sowohl für die vom Menschen gesteuerte Uferfiltration als auch für die natürliche Grundwasserbildung. Begrenzt sind auch die Selbstreinigungssysteme natürlicher Gewässer. Sie können nur bestimmte Stoffe abbauen und auch das nicht in unbegrenztem Maße. Irgendwann ist das System einer Dauerbelastung nicht mehr gewachsen und bricht – meist schlagartig und unumkehrbar – zusammen.

Gelangen durch einen Unfall oder durch Fahrlässigkeit sehr große Mengen an **Schadstoffen** in ein Gewässer, hat dies nicht nur *unmittelbare* Folgen für die darin lebenden Fische, sondern auch für die Menschen, die ihr Trinkwasser aus dem Fluss oder aus benachbartem Grundwasser beziehen. *Langfristige* Folgen sind meistens nicht abzusehen (Abb. 1).

Um die Trinkwassergewinnung zu sichern und das kostbare Gut Wasser generell zu schützen, werden in vielen Ländern der Erde Wasserversorgung und Wasserwirtschaft durch Gesetze geregelt. Die **Wassergesetzgebung** ist in Deutschland recht alt, da die Notwendigkeit des Wasserschutzes aufgrund der dichten Besiedlung schon früh erkannt wurde. In manchen Ländern wurde diese Notwendigkeit teilweise erst später erkannt und ist noch nicht überall durchgesetzt.

Der Kohlenstoff ist das Schlüsselelement des Lebens. Daher ist der **Kohlenstoffkreislauf** die Grundbedingung für jegliche biologische Aktivität auf unserem Planeten.

Auf der Erde gibt es für Kohlenstoff mehrere Speicher: Die **Lufthülle** enthält ca. 2,7 x 10^{12} t Kohlenstoffdioxid (CO_2), das jedoch dort nur mit einen Anteil von 0,035 % vertreten ist. In den **Ozeanen** befindet sich etwa 50-mal so viel, teils in gelöster, teils in gebundener Form, organisch oder als Carbonat und Hydrogencarbonat. Auf dem **Festland** enthalten die Lagerstätten von Kalk, Dolomit u. a. Carbonaten große Mengen gebundenen Kohlenstoffs. Die Vorkommen der **fossilen Brennstoffe** Kohle, Erdöl, Erdgas u. a. stellen fixierten Kohlenstoff dar. Schließlich existiert Kohlenstoff in den **Humus**-Horizonten der Böden und in den lebenden **Organismen.**

Die Organismen setzen bei der **Atmung** ständig Kohlenstoffdioxid frei. Vom Menschen ausgeatmete Luft enthält ca. 4 % CO_2. Auch in Vulkangasen befinden sich erhebliche Mengen an Kohlenstoffdioxid. Bei der **Fotosynthese** reduzieren Pflanzen, in denen Chlorophyll enthalten ist, den Kohlenstoff im CO_2 (Abb. 2). Dadurch und durch seine Funktion bei der Entstehung des **natürlichen Treibhauseffekts** kommt dem Kohlenstoff eine Schlüsselrolle bei der Erhaltung des Lebens auf der Erde zu.

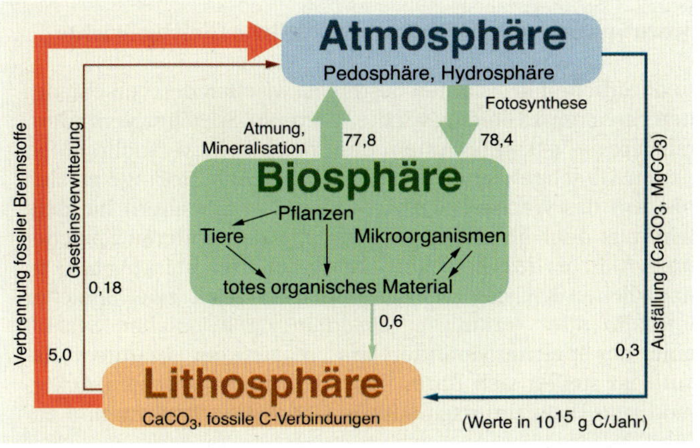

1 Beide Teilkreisläufe des globalen Kohlenstoffkreislaufs agieren mehr oder weniger unabhängig voneinander, solange der Mensch nicht eingreift. Werden jedoch fossile Brennstoffe genutzt, kommt die Natur durcheinander (Abb. 4).

Der **Kohlenstoffkreislauf** kann in einen schnell reagierenden, *biologischen* und einen langsam reagierenden, *geologischen* Kreislauf unterteilt werden (Abb. 1).

Bevor die Menschheit anfing, die fossilen Brennstoffe zu nutzen, war der **geologische Teilkreislauf** im Gleichgewicht. Die durch Verwitterung freigesetzten geringen Mengen an CO_2 wurden als $CaCO_3$ wieder ausgefällt (Abb. 2). Fossil gebundener Kohlenstoff nimmt ohne den Eingriff des Menschen kaum am Kreislauf teil.

Der **biologische Teilkreislauf** ist dagegen zeitlich kurz, aber intensiver. Er findet zwischen Landpflanzen und Atmosphäre sowie zwischen Ozeanen und Atmosphäre statt. Nahezu der gesamte von Pflanzen assimilierte Kohlenstoff wird aus der Biosphäre an Atmosphäre, Hydrosphäre und Pedosphäre (Boden) zurückgegeben. Das geschieht zum Teil über die pflanzenfressenden Tiere, die einen Großteil des Kohlenstoffs als Kohlenstoffdioxid wieder freisetzen. Gleiches geschieht bei Waldbränden (Abb. 3).

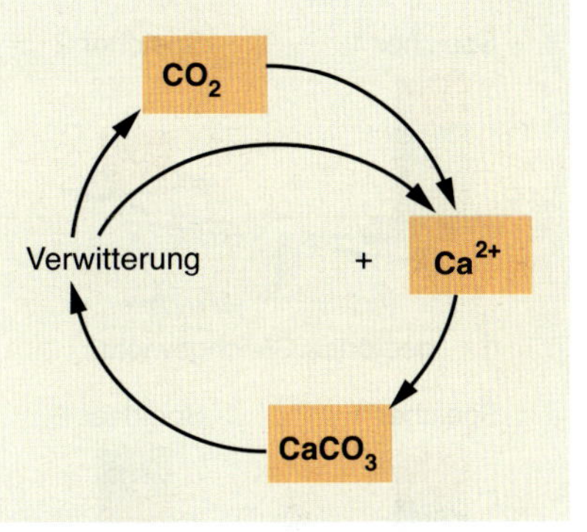

2 Die durch Verwitterung freigesetzten Mengen an Kohlenstoffdioxid (CO_2) werden in der Natur als Calciumcarbonat ($CaCO_3$) wieder ausgefällt oder durch Fotosynthese in organischen Stoffen gebunden und damit festgelegt.

3 Bei Waldbränden wird der in den Bäumen festgelegte Kohlenstoff als Kohlenstoffdioxid wieder freigesetzt und an die Atmosphäre abgegeben.

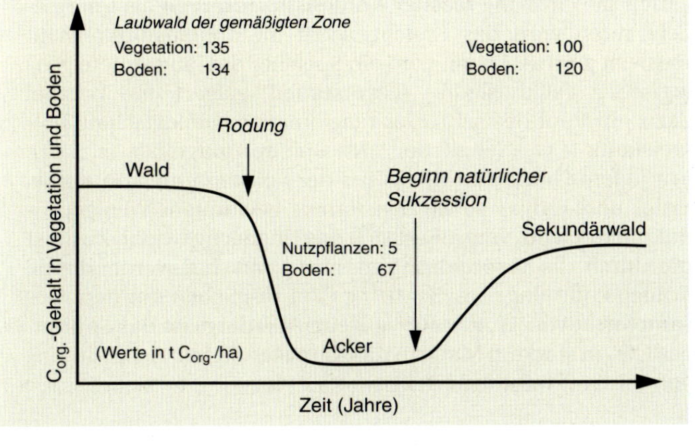

4 Wie beim Wasserkreislauf führen auch beim Kohlenstoffkreislauf Eingriffe des Menschen zu Störungen des natürlichen Gleichgewichts innerhalb dieser Kreisläufe. Die annähernde Wiedereinstellung des Ausgangsgleichgewichts nach einer Aufforstung dauert viele Jahrzehnte.

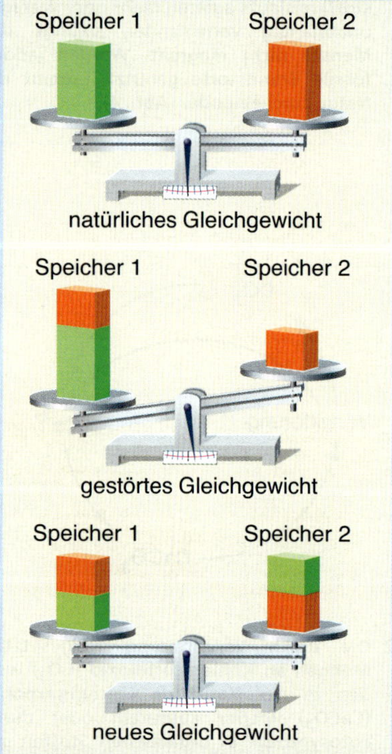

1 Gleichgewichte haben sich über lange Zeiten eingestellt. Ähnlich wie bei einer Balkenwaage besteht das Gleichgewicht so lange, wie Zu- und Abfuhr in die bzw. aus den jeweiligen Speichern gleich groß sind.

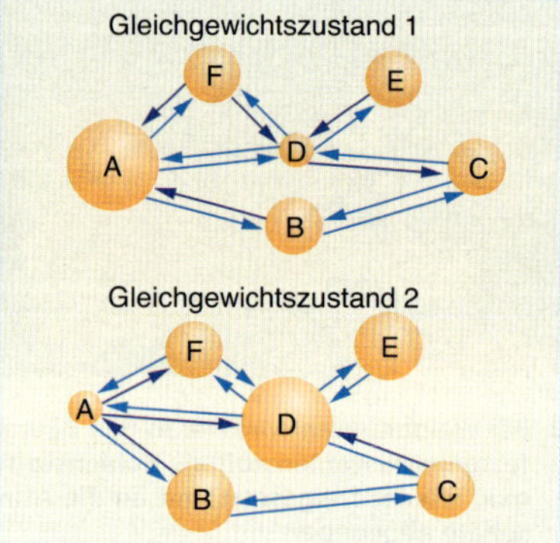

2 Wird einer der Speicher eines Kreislaufs, zwischen denen Stoffe transportiert werden, natürlich oder anthropogen verändert, ändern sich durch die bestehenden Wechselwirkungen alle Speicher und damit die Gleichgewichtszustände im gesamten Kreislauf. Das System der Speicher wird aus dem Gleichgewichtszustand 1 in den Gleichgewichtszustand 2 überführt.

Anthropogene Eingriffe stören natürliche Gleichgewichte

In natürlichen Kreisläufen bestehen zwischen den verschiedenen Speichern Gleichgewichte. Wird ein Speicher verändert, reagiert das gesamte System der Speicher. Es versucht, einen neuen **Gleichgewichtszustand** zu erreichen. Solange es sich nur um das Wechselspiel zwischen zwei Speichern handelt, wird aus dem überfüllten Speicher in den anderen Speicher umgefüllt, bis das Gleichgewicht wieder erreicht ist (Abb. 1). In natürlichen Kreisläufen sind jedoch mehr als zwei Speicher untereinander verknüpft. Sobald in einem solchen System einer der Speicher verändert wird, reagiert der gesamte Kreislauf. So stellen sich unter den Landnutzungsformen Ackerland und Wald unterschiedliche Gleichgewichtszustände ein (Abb. 2).

Wird durch den Menschen ein Wald in Ackerland verwandelt, so werden die natürlichen **Gleichgewichte** im Wasserkreislauf ebenso wie die im Kohlenstoff- oder Stickstoffkreislauf empfindlich **gestört.** Das Regenwasser kann nur noch in geringerem Maße versickern und geht damit der Grundwasserbildung verloren. Der oberflächliche Abfluss vergrößert sich. Der größte Teil des Niederschlagswassers gelangt in stehende und fließende Oberflächengewässer. Beim Abflussvorgang auf den Flächen des Ackerlandes wirkt das Wasser als Transportmittel für Bodenpartikel und darin enthaltene Nähr- und Schadstoffe, die gleichfalls in die Gewässer gelangen. In den Gewässern führt dieser Stoffeintrag (Stickstoff, Phosphor) zur **Eutrophierung.** Er kann auch eine Schadstoffbelastung der Gewässer nach sich ziehen. Um **Bodenerosion** und Belastung der Gewässer zu verhindern, wird heute vielfach versucht, eine konservierende Bodenbearbeitung oder das Mulchen anzuwenden.

Unter Wald ist im Allgemeinen der Gehalt an organisch gebundenem Kohlenstoff des Bodens höher als bei Ackernutzung. Die Abholzung führt nicht nur zur Abspülung durch abfließendes Regenwasser, sondern auch zu starken Kohlenstoffdioxidausträgen in die Atmosphäre. Innerhalb weniger Jahre wird die organische Substanz dieser Böden stark abgebaut. Es stellt sich das für Ackerböden typische Gleichgewicht zwischen den verschiedenen Kohlenstoffspeichern ein.

Durch die Nutzung **fossiler Kohlenstoffreserven** als Energielieferanten wird das Gleichgewicht im Kohlenstoffkreislauf weltweit gestört. Damit wird ein Speicher des langsamen, geologischen Teilkreislaufes (Lagerstätten) geleert und parallel dazu ein Pool des schneller reagierenden, biologischen Teilkreislaufs (CO_2-Gehalt der Atmosphäre) aufgefüllt (s. S. 13). Mit jedem Gramm CO_2, das bei der Verbrennung von Kohle, Erdöl und Erdgas sowie den daraus gewonnenen Folgeprodukten frei wird, vergrößert sich das Ungleichgewicht. Zwar ist die durch die Verbrennung fossiler Stoffe frei werdendende Kohlenstoffmenge (ca. 5×10^{15} g C/a) verglichen mit dem Gesamtvorrat von $12{,}48 \times 10^{21}$ g klein. Allerdings ist das Spurengas CO_2 in starkem Maße in das Klimageschehen der Erde eingebunden **(Treibhauseffekt).**

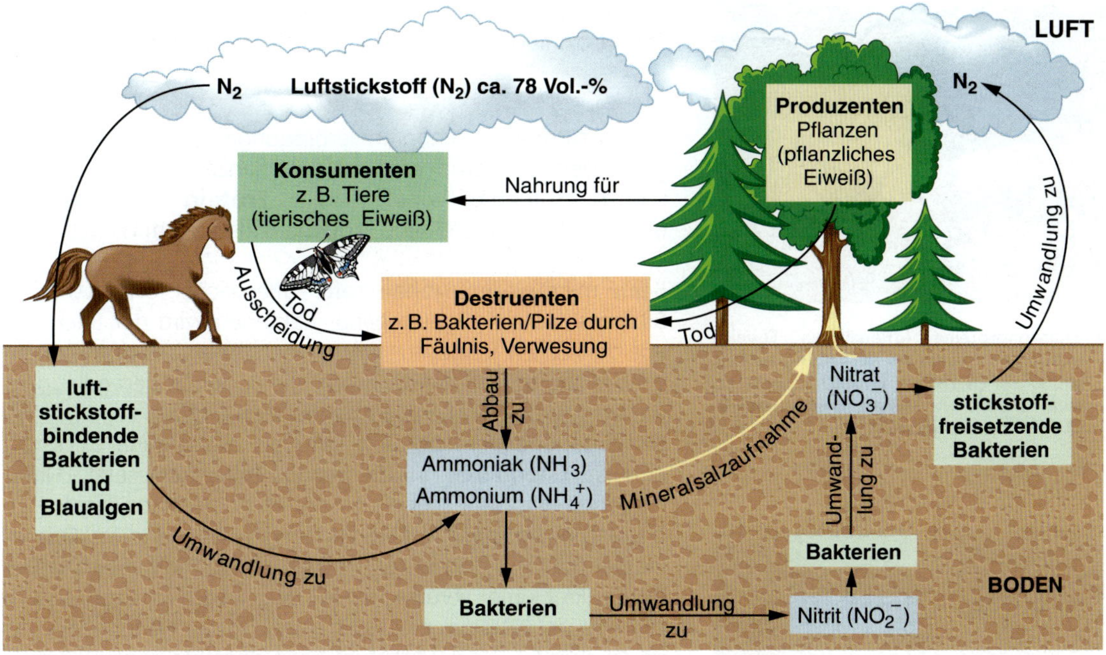

Der Luftstickstoff ist für die meisten Organismen nicht nutzbar. Er muss im **Stickstoffkreislauf** (Abb. 1) zunächst in eine für die Pflanzen verwertbare Form umgesetzt werden. Die Pflanzen nehmen Stickstoff in Form von Ammonium, Nitrat und daraus entstandenen Aminosäuren auf. Ammonium entsteht durch die Umsetzung von **Stickstoff der Luft** durch einige Bakterienarten (Abb. 2). Diese leben frei im Boden oder gehen *Symbiosen* mit bestimmten Wirtspflanzen ein. Dabei geben die Bakterien ca. 75 bis 90 % dieses Stickstoffs u. a. in Form von **Aminosäuren** an die jeweilige Wirtspflanze ab. In den Pflanzen wird der Stickstoff dann in die organische Substanz eingebunden (z. B. in Eiweiße). Bei dieser biologischen Stickstofffixierung wird elementarer Luftstickstoff zu **Ammonium** reduziert:

$$N_2 + 8H^+ + 6e^- \longrightarrow 2NH_4^+$$

Nitrat ist mineralisch gebundener Stickstoff. Es gelangt entweder durch Düngung in den Boden, ebenfalls durch Gewitterregen, entsteht beim Abbau von totem organischem Material oder wird durch Nitrifizierung von Bakterien aus Ammonium gebildet.

Bei der **Nitrifizierung** oxidieren in einem *ersten* Schritt Nitrosomonas-Bakterien das Ammonium zu **Nitrit.** Dabei werden Wasser und Protonen (Wasserstoff-Ionen) freigesetzt, die zur Versauerung des Boden beitragen. Die Reaktion ist exotherm. Es werden dabei 352 kJ/mol frei:

$$NH_4^+ + \tfrac{3}{2}O_2 \longrightarrow NO_2^- + H_2O + 2H^+$$

1 Stickstoff ist einer der wichtigsten Pflanzennährstoffe. Er befindet sich vor allem in der Erdatmosphäre, an der er einen Anteil von etwa 78 % besitzt. Der Kreislauf Luft–Boden–Pflanze–Tier–Luft ist ein Teilkreislauf des Stickstoffkreislaufs.

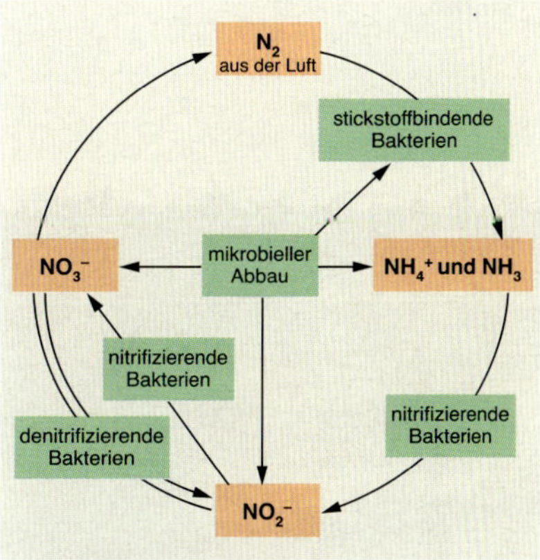

2 Der im Boden enthaltene Stickstoff stammt fast ausschließlich aus der biologischen Reduktion des Luftstickstoffs und seinem Einbau in organische Substanzen. Dazu sind z. B. Bakterien der Gruppen Azotobacter und Clostridium in der Lage. Diese gehen Symbiosen vor allem mit Leguminosen, wie Bohne, Erbse, Klee und Lupine, ein.

1 Pflanzenproteine (pflanzliches Eiweiß) werden im Prozess der Verdauung zu Tierproteinen (tierisches Eiweiß) umgesetzt. Dem Menschen stehen beide Eiweißquellen zur Verfügung.

2 Eutrophierte Gewässer bringen vermehrtes Algenwachstum hervor. Eutrophierung bedeutet Überangebot von Nährstoffen.

3 Der Nassreisanbau erfolgt nicht selten auf gerodeten Regenwaldflächen. Damit wird der Treibhauseffekt zweifach verstärkt: Freisetzung von Kohlenstoffdioxid (CO_2) durch die Rodung und von Lachgas (N_2O) sowie Methan (CH_4) durch den Reisanbau. CO_2 hat einen Anteil von 61 % am anthropogenen Treibhauseffekt, N_2O von 4 %.

In einem zweiten Schritt wird durch Nitrobacter das Nitrit zu **Nitrat** oxidiert. Auch dieser Schritt ist exotherm (74 kJ/mol):

$$NO_2^- + \frac{1}{2}O_2 \longrightarrow NO_3^-$$

Der in Nitriten, Ammoniumverbindungen und Aminosäuren gebundene Stickstoff wird mit der Pflanzennahrung an tierische Konsumenten vorwiegend als **Protein** weitergegeben, die ihrerseits körpereigene Proteine bilden (Abb. 1).

Beim mikrobiellen Abbau toter pflanzlicher und tierischer Biomasse sowie abgestorbener Bakterien wird der Stickstoff aus den Zellen freigesetzt und es entstehen aus dem Protein wieder **Nitrat** und **Ammonium,** die in den Boden gelangen, wo sie von den Pflanzen aufgenommen werden.
Nicht gebundener Stickstoff wird als elementarer Stickstoff und Stickstoffdioxid in die Atmosphäre freigesetzt. Nitrat hingegen wird sehr schnell mit dem Niederschlagswasser ausgewaschen, gelangt in Oberflächengewässer und ins Grundwasser und von dort unter Umständen ins Trinkwasser, wo es große Probleme verursacht. In den Oberflächengewässern führt zu viel Nitrat zu einem Überangebot an Nährstoffen und ungehemmtes Algenwachstum kann einsetzen (Abb. 2).

Voraussetzung für die bei der Nitrifizierung ablaufenden Reaktionen ist die Anwesenheit von Sauerstoff im Boden. Die optimale Temperatur für die beschriebene mikrobielle Umsetzung liegt zwischen 25 und 35 °C. Mit sinkender Temperatur verlangsamt sich die Umsetzung. Sie findet allerdings auch noch bei 0–2 °C statt. Der optimale pH-Wert liegt bei 6–8.

Ändern sich diese Bedingungen, kann eine **Denitrifizierung** eintreten. Das ist bei einer hohen Wassersättigung des Bodens der Fall. Einige Bakterien sind in der Lage, bei dem durch Wassersättigung eingetretenen Sauerstoffmangel Nitrat und Nitrit als Sauerstoffquellen zu nutzen. Sie reduzieren dabei zunächst das Nitrat zu Nitrit und weiter zu Stickoxid, zu Lachgas und schließlich zu elementarem Stickstoff:

$$NO_3^- + e^- \longrightarrow NO_2^- \longrightarrow NO \longrightarrow N_2O \longrightarrow N_2$$

Die zur Reduktion des Nitrats erforderlichen Elektronen werden den Mikroorganismen aus organisch gebundenem Kohlenstoff zur Verfügung gestellt, z. B. in Form von Pflanzen- und Wurzelrückständen, die im Boden vorliegen.

Frei werdendes Lachgas und Stickstoff werden an die Atmosphäre abgegeben. Da die Denitrifizierung vor allem in wassergesättigten oder überfluteten Böden stattfindet, sind z. B. Moore und Überflutungsflächen davon besonders betroffen. Die Denitrifizierung nimmt mit steigender Temperatur zu. Daher sind tropische Reisfelder (Abb. 3) stärkere Lachgasemittenten als europäische Moore.

Kreisläufe in der landwirtschaftlichen Produktion verlaufen räumlich unterschiedlich

Für die landwirtschaftliche Produktion ist der **Nährstoffkreislauf** besonders wichtig. Die dem Boden entnommenen Nährstoffe sollten ihm als pflanzliche Rückstände sowie als deren Abbau- und Stoffwechselfolgeprodukte (Stallmist, Gülle) möglichst vollständig wieder zugeführt werden (Abb. 1).

In der Landwirtschaft laufen **räumliche Kreisläufe** enger oder weiter ab, je nach der Art der Bewirtschaftung. *Räumlich enge* Kreisläufe entstehen bei einer Wirtschaftsweise, bei der wenig Stoffe und Energie nach außen abgegeben und von außen zugeführt werden und deren Liefer- und Bezugswege kurz sind. Der Landwirt verkauft seine Produkte also in seiner direkten Umgebung und erhält auch seine Düngemittel aus seiner direkten Umgebung. Das hat den Vorteil, dass die Nährstoffe wieder da landen, wo sie für das Pflanzenwachstum gebraucht werden. Der Nährstoffkreislauf ist dann auch räumlich geschlossen. Ein Verkauf ab Hof gehört beispielsweise dazu, ist jedoch meist nicht die einzige Erwerbsquelle des Landwirts. In Deutschland ist diese Wirtschaftsweise daher selten anzutreffen.

Räumlich weite Kreisläufe sind solche mit intensiver Ersatzwirtschaft und von weit hergeholten Düngern sowie weit wegtransportierten Produkten, wie Obst, Wein, Gemüse oder Fleisch. So wird bei der Haltung von Schlachtvieh häufig Fischmehl als billiges Aufbaufutter eingesetzt.

Die dafür benötigten Fische werden beispielsweise vor Südamerika gefangen, zu Fischmehl verarbeitet und nach Europa exportiert. Die auftretenden weiten Transportwege beinhalten stark Energie zehrende, nicht umkehrbare (irreversible) Prozesse, welche eine Belastung für die Umwelt darstellen. Der Verbrauch von Energie, die überwiegend aus fossil gebundenem Kohlenstoff besteht, trägt zum schnellen Ansteigen des Gehaltes von CO_2 in der Atmosphäre und damit zum zusätzlichen Treibhauseffekt bei. Hinzu kommt, dass Nährstoffe, wie Stickstoff oder Phosphor, die in einem Kontinent abgebaut werden, nach dem Verzehr der produzierten Nahrungsmittel dann in einem anderen Kontinent zu einem Entsorgungsproblem werden. Es werden also die räumlichen Kreisläufe zweier Kontinente verändert.

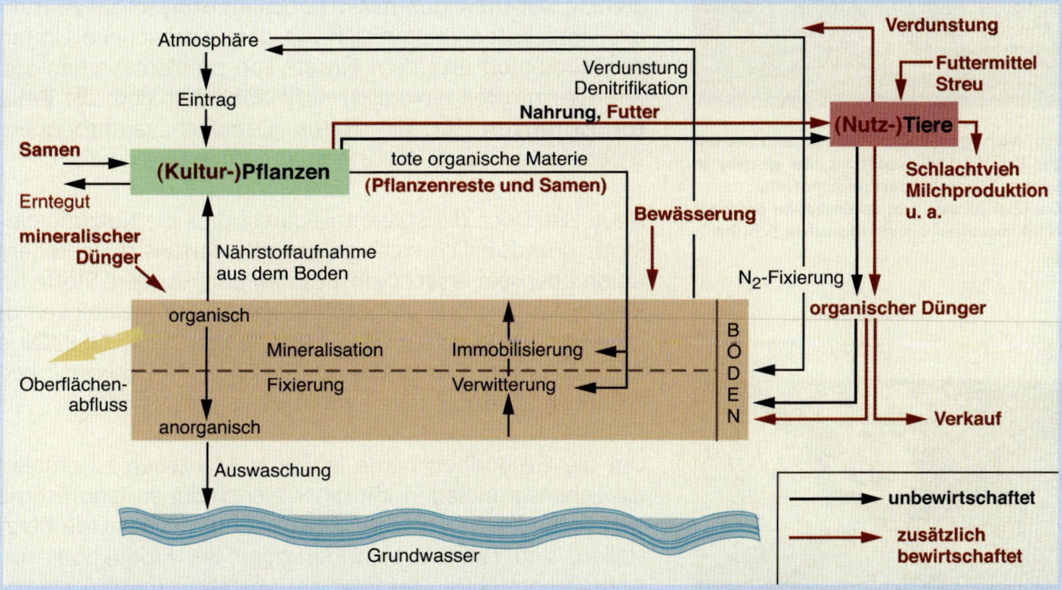

1 **Auch bei einer weitgehenden Rückführung der Nährstoffe lassen sich Verluste durch Auswaschung, Abtrag und Verflüchtigung grundsätzlich nicht ganz vermeiden. Stickstoff und Kohlenstoff können gasförmige Verbindungen bilden und daher die Bodensphäre recht schnell in Richtung Atmosphäre verlassen. Einige der Verbindungen sind gut wasserlöslich, können daher mit dem Regen ausgewaschen werden und gelangen in die Hydrosphäre.**
Für eine langfristige kontinuierliche Produktion von Pflanzen an ein und demselben Standort sind daher außer der Sonnenenergie auch Nährstoffe zuzuführen. Ob dies als mineralische oder organische Düngung erfolgt, hängt ganz von den örtlichen Gegebenheiten ab. Düngung ist schon deshalb erforderlich, weil die Landwirte ihre Produkte auch verkaufen und dadurch eine vollständige Rückführung der dem Boden entnommenen Stoffe gar nicht möglich ist.

1 Die Aufbereitung und Weiterverwendung von Altbeton, der z. B. bei der Sanierung von Autobahnen anfällt, ist ein Beispiel für technische Kreisläufe in der Produktion.

2 Ein wichtiger Beitrag der Konsumenten zur Kreislaufwirtschaft ist das getrennte Sammeln von Verpackungsmaterial. Darüber hinaus gibt es derartige Behälter für Alttextilien oder gebrauchte Schuhe.

3 Altkunststoffe ersetzen als Sekundärrohstoffe Öl, Holz oder Beton. Nicht nur diese Ressourcen werden durch Recycling eingespart, sondern auch Energie und Energierohstoffe.

1.2 Technische Kreisläufe

Für die Produktion von Gütern und häufig auch bei ihrer Nutzung und zu ihrer Pflege muss der Mensch der Natur Stoffe entnehmen. Bereits damit greift er in natürliche Kreisläufe ein, denen er diese Stoffe zumindest zeitweise entzieht. Bei der Produktion – vor allem in der industriellen – entstehen aus den Rohstoffen nicht nur *erwünschte Produkte,* sondern auch *unerwünschte Nebenprodukte,* die vom Produzenten nicht in die Produktionsabläufe zurückgeführt werden können. Sie werden als **Emissionen** abgegeben oder als **Abfälle** deponiert. Auch die noch heute verbreitete Art, sich gebrauchter Produkte zu entledigen, hinterlässt Emissionen und Abfälle. Hinzu kommt, dass der Mensch auch künstliche Stoffe herstellt, die es in der Natur gar nicht gibt.

Im Unterschied zu den natürlichen Kreisläufen, in denen es keinen Abfall gibt, sind die anthropogenen Stoffflüsse auch heute noch erst in Ansätzen geschlossen.

Jahrhundertelang hat diese *Wirtschafts- und Handlungsweise* scheinbar problemlos funktioniert. Sie war in der *Denkweise* der Menschen begründet, die Natur sei eine unerschöpfliche Rohstoffquelle und verfüge über eine unbegrenzte Selbstreinigungskraft. Doch im Unterschied zu früheren Jahrzehnten zeigten sich mit dem wachsenden Umfang der Produktion und dem Einsatz von problematischen Stoffen, die zum Teil biologisch nicht abbaubar sind, die **Belastungsgrenzen** für die Natur. Ozonloch, anthropogener Treibhauseffekt und Waldsterben machen dies deutlich.

Heute setzt sich die Erkenntnis durch, dass die Nutzung eines Stoffs grundsätzlich nicht größer sein darf als seine Regeneration oder sein Ersatz (Substitution) durch andere Stoffe und dass die Freisetzung von Stoffen die Aufnahmefähigkeit der Umweltmedien Luft, Wasser und Boden nicht übersteigen darf. Das betrifft auch die erneuerbaren Ressourcen, deren Produktionsmöglichkeiten ebenfalls begrenzt sind.

Um die Gesundheit heute lebender Menschen zu erhalten, die Lebensgrundlagen künftiger Generationen langfristig zu sichern und eine gerechte Entwicklung auf der Erde herzustellen, sind *radikale Veränderungen* der Produktions- und Konsumtionsweisen erforderlich. Vor allem müssen die vom Menschen vorgenommenen Stoffströme entscheidend vermindert und damit Emissionen und Abfälle vermieden werden. Die zu schaffende **Kreislaufwirtschaft** muss die entstehenden Abfallmengen minimieren. Dieses Ziel kann nur erreicht werden, wenn Produzenten (Abb. 1), Konsumenten (Abb. 2) und Entsorger (Abb. 3) daran mitwirken. Dabei leistet die **Umwelttechnik** wichtige Dienste.

Schritte auf dem Wege zur Kreislaufwirtschaft

Gegenwärtig gibt es bereits eine zunehmende Zahl von technischen Kreisläufen bei Produzenten, Konsumenten und Entsorgern, die Lösungsansätze für eine künftige Kreislaufwirtschaft darstellen.

Recht weit entwickelt sind bei den Produzenten innerbetriebliche Wasserflüsse. Sie haben teilweise schon den Charakter von Kreisläufen. Das ist vor allem in wasserintensiven Zweigen der Fall, wie in der Papier- und Zellstoffindustrie oder bei Wärmekraftwerken. **Technische Wasserkreisläufe** lassen sich überall dort finden, wo eine Kühlung notwendig ist, z. B. in Automotoren, Stahlwerken, Brauereien oder Brennereien. Damit werden Kosten und Wasser gespart. Dennoch sind auch diese technischen Wasserkreisläufe noch nicht vollständig geschlossen (Abb. 1). Dort, wo erwärmtes Abwasser noch als Abfall anfällt, darf es nur abgekühlt in ein Gewässer geleitet werden. Schon 1 oder 2 °C erhöhte Temperatur hätte schwere Folgen: Durch eine erhöhte Temperatur kommt es zu einem gesteigerten Stoffwechsel im Gewässer und der Sauerstoffgehalt des Wassers nimmt drastisch ab. Fischsterben wäre eine Folge. Bei Kernkraftwerken gibt es für geschlossene Wasserkreisläufe einen weiteren wichtigen Grund: der Strahlenschutz.

Bei der Verwendung schwefelhaltiger Brennstoffe, zum Beispiel in Braunkohlekraftwerken, wird mit dem Abgas Schwefel als Schwefeldioxid in die Atmosphäre abgegeben. Da ständige Schwefeldioxidemissionen schädlich für den Menschen und andere Lebewesen sind, wird in vielen Betrieben das Abgas gereinigt (Abb. 2).

1 Bedingt durch die gegenwärtige Technologie des Kraftwerksbetriebs entweichen erhebliche Mengen des Kühlwassers in die Atmosphäre.

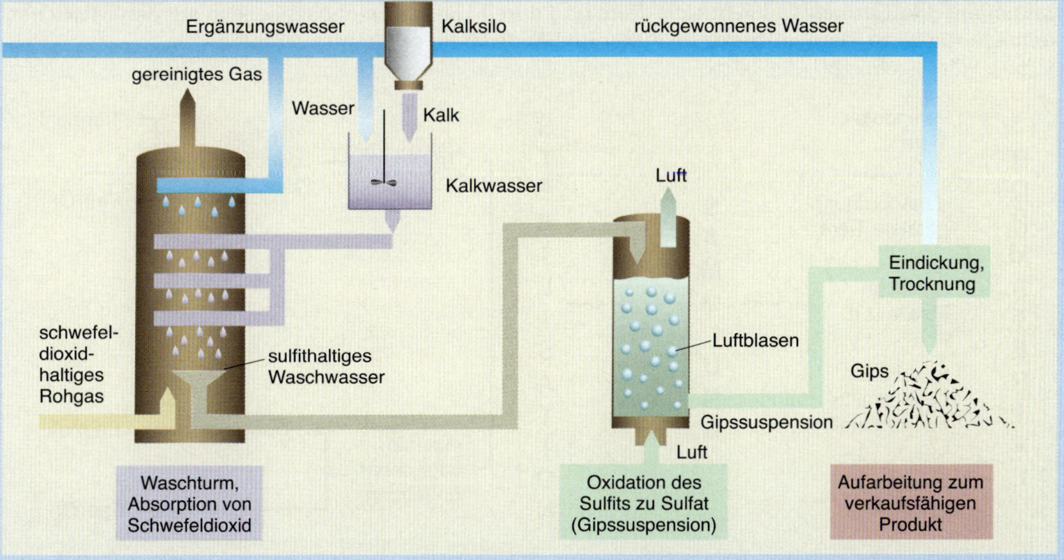

2 Bei diesem Rauchgasentschwefelungsverfahren gibt es mehrere Teilprozesse, die der Kreislaufwirtschaft entgegenkommen: Wasserkreislauf, Wärmerückgewinnung und Abfallverwertung.

Bei den *nassen* **Entschwefelung**sverfahren (S. 19, Abb. 2) werden in einem Wäscher die Schwefeldioxidgase in Wasser gelöst. Das schwefelhaltige Waschwasser wird in einem Wäschersumpf gesammelt. In diesem Sumpf findet die Oxidation des gelösten Schwefeldioxids zu Sulfat statt, welches mit dem im Wäschersumpf enthaltenen Kalkstein zu Calciumsulfat (Gips) reagiert und einen Niederschlag bildet. Das Waschwasser wird in diesen Anlagen ständig im Kreis geführt. Parallel dazu wird dem Sumpf ständig Gipsschlamm entnommen und der Flüssigkeitsverlust durch Zufuhr von frischem Wasser ergänzt. Der entnommene Schlamm wird getrocknet, um den Gips in reiner Form zu erhalten. Teilweise wird dazu die Abwärme der zu reinigenden Abgase genutzt. Der Gips wird als Baumaterial weiterverwendet (z. B. Rigipsplatten).

Eine ganz andere Form der Verwertung von Nebenprodukten wird in **Eisenhüttenwerken** betrieben. Bei der Roheisengewinnung fallen große Mengen an Schlacken an, da die verwendeten Eisenerze neben dem gewünschten Eisen auch Stoffe enthalten, die im Stahl nicht erwünscht sind, z. B. Phosphat.

Phosphat ist ein in der Landwirtschaft heiß begehrter Dünger. 1878 führte S. THOMAS ein Verfahren ein, mit dem es möglich wurde, auch phosphathaltige Eisenerze zu verhütten. Problematisch war nur die anfallende Schlackenmenge, die ca. 45 bis 55 % Calciumoxid und 15 bis 20 % Phosphat sowie einige Spurenelemente enthält. Diese Schlacke lässt sich aber zermahlen und aufgrund des Calcium- und Phosphatgehaltes als „Thomasmehl" gut in der Landwirtschaft nutzen. Der „Schönheitsfehler" steckt allerdings in Spurenstoffen. Je nach Erz können dies Schwermetalle sein, die auf landwirtschaftlich genutzte Flächen nicht ausgebracht werden dürfen. Thomasphosphat ist daher seit einigen Jahren nicht mehr im Handel. Es wurde durch ein anderes Produkt ersetzt. Andere Schlacken werden als sogenannte Zuschlagstoffe in Betonmischungen eingebracht. Ganze Pflasterstraßen bestehen aus Schlackesteinen.

Einen weniger bekannten Teilkreislauf findet man in einer **Tierkörperbeseitigungsanlage** (Abb. 1). Geschlachtete Tiere werden nicht vollständig dem menschlichen Genuss zugeführt. Alle übrig bleibenden Teile werden auch aus hygienischen Gründen in Tierkörperbeseitigungsanlagen verwertet. Die in Hörnern, Hufen, Knochen, Fleischabfällen usf. enthaltenen Proteine, Fette u. Ä. werden aus einer Gesamtmischung herausgelöst, gereinigt und getrocknet, um dann z. B. als Tierfutter oder Schmierstoff verwendet zu werden. Geschieht dies nach den gesetzlich vorgeschriebenen Verfahren, so besteht im Allgemeinen keine Gefährdung für die Nutzer. Werden jedoch aus Kostengründen z. B. die vorgeschriebene Temperatur oder der Druck nicht eingehalten oder die in bestimmten Fällen vorgeschriebene Verbrennung der Tierkörper nicht ausgeführt, kann es zur Übertragung von Krankheitserregern über das hergestellte Tiermehl auf gefütterte Tiere und durch Fleischverzehr schließlich auf den Menschen kommen. Daher ist Tiermehlzusatz im Futter für Wiederkäuer seit Jahren verboten.

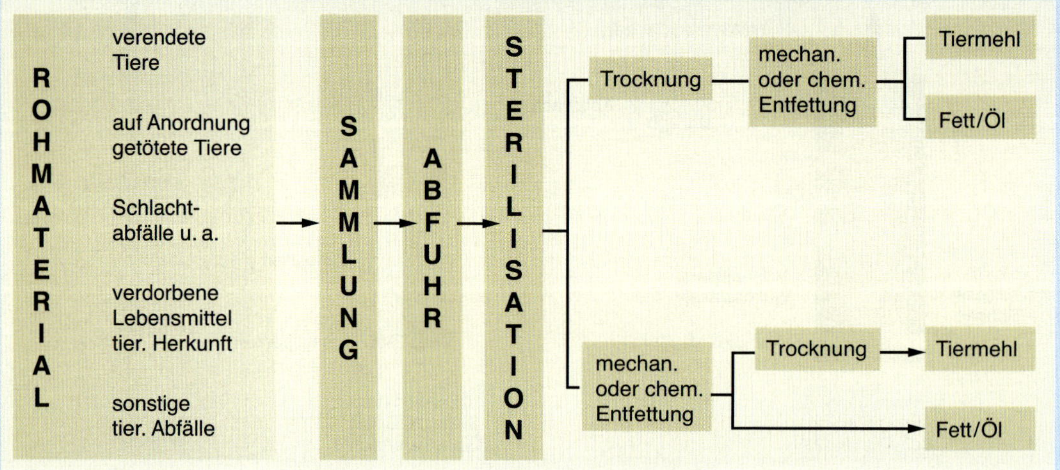

1 Tierkörperbeseitigungsanlagen sind auch zur Beseitigung von Tierkadavern notwendig, die bei Seuchen, z. B. bei der Schweinepest, oder bei Notschlachtungen anfallen. Damit soll illegale „Entsorgung" vermieden werden.

1.3 Wirtschaftskreisläufe

Kreisläufe existieren nicht nur in der Natur (s. Abschnitt 1.1). Sie werden auch in der Technik zunehmend verwirklicht (s. Abschnitt 1.2). Kreisläufe vollziehen sich ebenfalls in der gesamten Wirtschaft der Menschen. Dabei können die technischen Kreisläufe mit zur Wirtschaft gerechnet werden, sie machen aber nicht die entscheidenden wirtschaftlichen Kreisläufe aus. Immer stärker müssen künftig auch die natürlichen Kreisläufe in der gesamten Wirtschaft beachtet werden, da eine Wirtschaft gegen die Natur immer weniger möglich wird.

Kreisläufe in der Wirtschaft sind vor allem **Geld- und Warenströme.**

Die **Wirtschaft** ist der Bereich der menschlichen Tätigkeit, der auf die Herstellung, Beschaffung und die Verwendung von Gütern und Dienstleistungen zur Sicherung der Existenz der Menschen und zur Befriedigung weiterer Bedürfnisse (z. B. Kultur, Reisen) gerichtet ist. Deshalb kann die wirtschaftliche Tätigkeit der Menschen in Produktion (Abb. 1), Verteilung und Konsumtion (Abb. 2) unterteilt werden.

Im Rahmen einer Gesellschaft kann nicht jeder alles selbst produzieren, was er verbraucht, und umgekehrt nicht alles von dem Erzeugnis, das er produziert, auch verbrauchen. Deshalb werden **Produkte** zwischen den Menschen in der Gesellschaft ausgetauscht. Weil sich die jeweiligen Produzenten (in den Betrieben/Unternehmen) und die jeweiligen Konsumenten (in den privaten und öffentlichen Haushalten) meist nicht am gleichen Ort befinden, erfolgt der **Austausch** bzw. die Verteilung der Produkte über Handel und Verkehr (Abb. 3). Der Austausch der Produkte wird über das Tauschmittel und den Wertmaßstab **Geld** vollzogen und findet auf dem **Markt** statt. Das auf dem Markt angebotene Produkt wird zur **Ware** (Abb. 4).

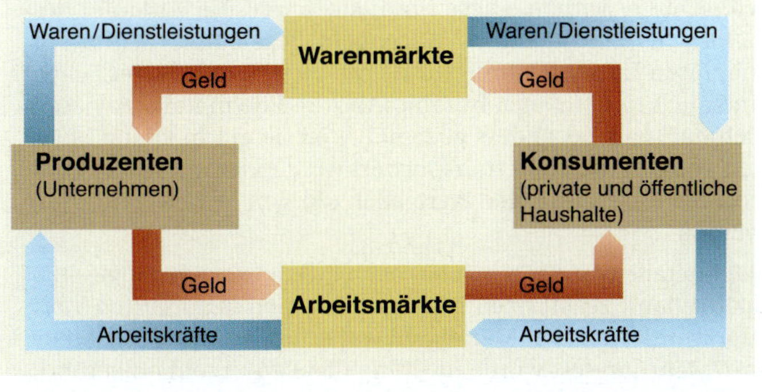

4 **Das Prinzip des Wirtschaftskreislaufs besteht im Austausch von Waren und Geld zwischen Produzenten und Konsumenten über die Märkte.**

1 **Bei manchen Produkten hat der Produzent noch Eigenbedarf, so der Bäcker an Brötchen oder der Schuhmacher an Schuhen. Aber wie viele Triebwerke braucht der Triebwerksmonteur?**

2 **Konsumtion ist der gesamte Ge- und Verbrauch von Produkten. Dazu gehört der Verbrauch von Nahrungsmitteln ebenso wie die Nutzung des Fernsehers.**

3 **Der Handel ist das Bindeglied zwischen Produzenten und Konsumenten. Die Warenströme werden u. a. in den Transportketten des Handels sichtbar.**

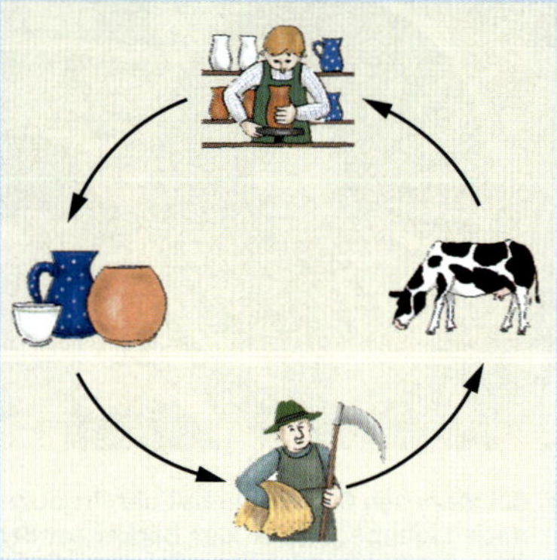

1 Beim einfachen Tauschhandel wurde eine bestimmte Menge eines Produkts gegen eine bestimmte Menge eines anderen Produkts getauscht.

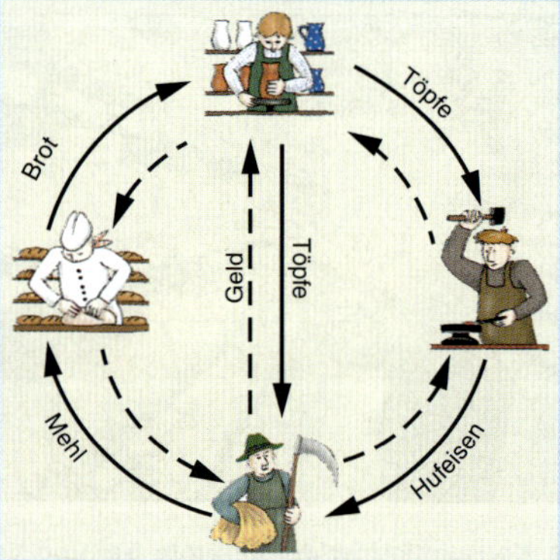

2 Das Geld wurde beim Handel zum allgemeinen Tauschmittel gegen jede beliebige Ware und zugleich allgemeiner Maßstab für den Wert einer Ware.

3 Die ersten Münzen wurden im 7. Jh. v. u. Z. in Kleinasien geprägt. Bei Goldmünzen entsprach der geprägte Wert dem Metallwert. Die heutigen Münzen sind Scheidemünzen, d. h., ihr Nominalwert weicht vom Metallwert ab.

Wie es zu Waren- und Geldströmen kam

Ursprünglich tauschten die Menschen ihre Erzeugnisse untereinander direkt aus. So erhielt man für Hühner ein Beil oder für Rinderfilet einen Tonkrug (Abb. 1). Getauscht wurden selbst hergestellte Waren, die für den Eigenbedarf nicht benötigt wurden, gegen Waren, die man nicht selbst erzeugen konnte. Der Tausch war die Grundlage dafür, dass nicht jeder alle zum Leben benötigten Produkte selbst erzeugen musste. Nach und nach entwickelten sich Spezialisten, die bestimmte Waren besser und schneller herstellen konnten als die meisten anderen Menschen. Das führte zur **beruflichen Arbeitsteilung.** Wer sich so spezialisierte, musste auch deshalb mehr vom gleichen Produkt herstellen, als er selbst brauchte, weil er damit andere lebensnotwendige Gegenstände eintauschen konnte.

Außerdem konnte man nicht überall gleiche Produkte erzeugen, weil dafür die notwendigen Bedingungen nicht gegeben waren. So konnte Salz nur an Meeren, Salzseen oder aus Salzlagerstätten gewonnen werden, Eisen nur dort, wo die entsprechenden Erze gefunden wurden und Brennstoffe vorhanden waren. Diese unterschiedlichen Gegebenheiten führten zur **regionalen Arbeitsteilung.**

Die Arbeitsteilung in der Gesellschaft machte einen **Tauschhandel** erforderlich. Besonders die regionale Arbeitsteilung führte zur Herausbildung von festen **Handelswegen** zu Wasser und auf dem Land zwischen einzelnen Regionen der Erde. So beförderten in der Sahara Kamelkarawanen gewaltige Salzmengen aus Gebieten, in denen Salz gewonnen werden konnte, in salzlose Gegenden, wo es ein kostbares Gut darstellte. Auf ihrem Rückweg waren die Kamele dann mit Getreide oder Waffen beladen. Noch heute weisen in vielen Ländern Namen nicht nur auf Salzstraßen hin. Die Seidenstraße und die Silberstraße sind weitere Beispiele dafür.

Der Tauschhandel wurde jedoch erschwert, wenn die gewünschten Tauschobjekte nicht zur Verfügung standen. Deshalb wurden ersatzweise Güter, wie Felle, Muscheln oder wertvolle Metalle, als Gegenleistung angenommen, auch wenn man sie nicht benötigte. Für diese Waren konnte man zu einem *späteren Zeitpunkt* oder an einem *anderen Ort* das Gewünschte erwerben. Diese Produkte waren die Vorläufer des Geldes. Es wird auch als **Warengeld** bezeichnet. Schon vor mehreren Tausend Jahren wurde mit Vieh, Sklaven oder Fellen und auch mit Metallen bezahlt (Abb. 2). Edelmetalle erwiesen sich dafür als besonders geeignet, weil sie gut in kleine Mengen geteilt und leicht transportiert werden konnten. Am Wert des Geldes konnte der Wert aller übrigen Waren gemessen werden.

Edelmetalle wurden zunächst nach ihrem Gewicht eingesetzt, später dann zu Münzen geprägt, die einen bestimmten Wert repräsentierten. Das **Metallgeld** war erfunden (Abb. 3). Bereits im 7. Jahrhundert wurde in China das **Papiergeld** eingeführt. In Europa existiert es erst seit dem 18. Jahrhundert.

Wirtschaftskreisläufe sind jedoch viel komplizierter als die direkten Waren- und Geldströme zwischen Produzenten (Unternehmen) und Konsumenten (privaten Haushalten) (S. 24, Abb. 1). Eine wichtige Rolle spielen die Banken.

Banken sind Unternehmen, die Geld- und Kreditgeschäfte betreiben und den bargeldlosen Zahlungsverkehr durchführen.

In Deutschland gibt es einige Hundert derartiger Kreditinstitute. Die meisten Banken besitzen eigenes Kapital und verwalten Geld von Unternehmen und Personen. Sie entscheiden über Kredite für Unternehmen und Personen, die für geplante Vorhaben nicht genügend eigenes Kapital besitzen. Auch ein Staat kann Kredite aufnehmen, durch die er sich dann verschuldet (Abb. 1). Die Kredite müssen zurückgezahlt und für sie müssen Zinsen aufgebracht werden. Diese Geldströme komplizieren den Wirtschaftskreislauf (Abb. 2).

In den letzten Jahrzehnten hat das Bargeld erheblich an Bedeutung verloren. Es wird zunehmend durch das **Buch-** oder **Giralgeld** ersetzt. In vielen Ländern der Erde wird fast ausschließlich mithilfe von Karten bargeldlos gezahlt. Die Buchgeldmenge ist wesentlich größer als die Menge an Münz- und Papiergeld (s. S. 22).

Die Geld- und Kreditpolitik eines Landes regelt im Allgemeinen eine spezielle Bank – die **Notenbank** oder **Zentralbank.** Sie entscheidet z. B. darüber, wie viel Geld im Umlauf ist, und hat für Geldstabilität zu sorgen. In Deutschland ist dies die Deutsche Bundesbank. Sie ist vom Staat unabhängig. Die Zentralbanken der Länder der Europäischen Union sind seit dem 01. 01. 1999 mit der **Europäischen Zentralbank (EZB)** zum Europäischen System der Zentralbanken (ESZB) zusammengeschlossen, unabhängig davon, ob sie den Euro eingeführt haben oder nicht.

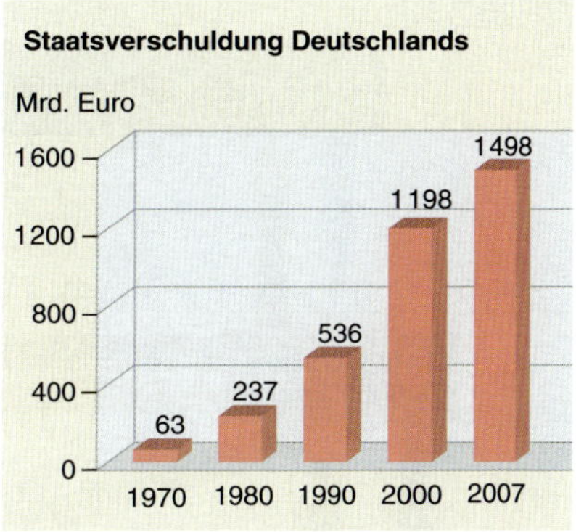

1 Seit Beginn der 70er-Jahre sind die öffentlichen Schulden stark angestiegen. Im Jahre 2007 müssen dafür etwa 66 Mrd. Euro Zinsen bezahlt werden.

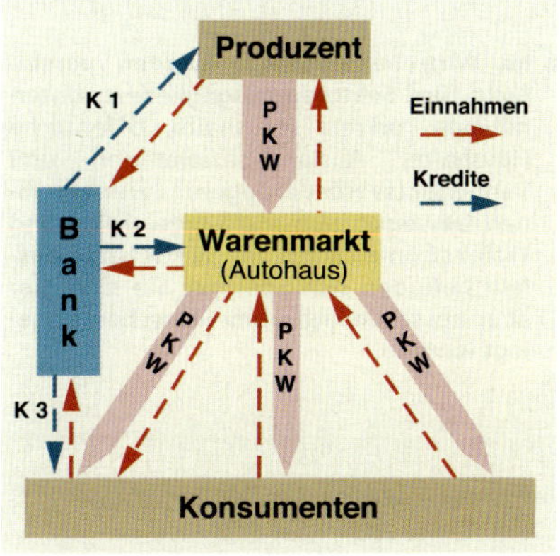

2 Zu den Geldströmen (rot) gehören z. B. Kredite (blau) für den Bau der Pkw-Fabrik (K 1), den Bau des Autohauses und für Pkw-Ankäufe (K 2) und den Pkw-Kauf (K 3) sowie die Bezahlung des Preises für Pkw, Lohn oder andere Einkommen, Zinsen und Rückzahlung für Kredite.

Kreisläufe – Kreisläufe

Frau Schmidt arbeitet in einem Supermarkt. Von diesem Unternehmen erhält sie ihr Haupteinkommen. Einen Teil ihrer Einkünfte gibt sie dort wieder für Nahrungsmittel und Kleidung aus. Dies ist ein kleiner Kreislauf, an dem Geld und Waren beteiligt sind.

Das Einkommen von Frau Schmidt wird vom Staat aufgebessert, indem sie für ihren Sohn Kindergeld erhält. Der Staat übernimmt außerdem die Kosten für die Schulbildung und eventuell auch für die Lehre ihres Sohnes. Frau Schmidt zahlt aber an den Staat Einkommenssteuern. Dies ist ein weiterer kleiner Kreislauf.

Wenn es Frau Schmidt gelingt, einen Teil ihres Einkommens bei einer Bank zu sparen, so vergrößert sie ihr Vermögen. Das bringt Frau Schmidt Zinsen oder Gewinne in anderer Form.

Natürlich muss auch die Firma von Frau Schmidt an den Staat Steuern zahlen. Dieses Geld wird u. a. für den Straßenbau ausgegeben und kommt so sowohl der Firma als auch Frau Schmidt zugute.

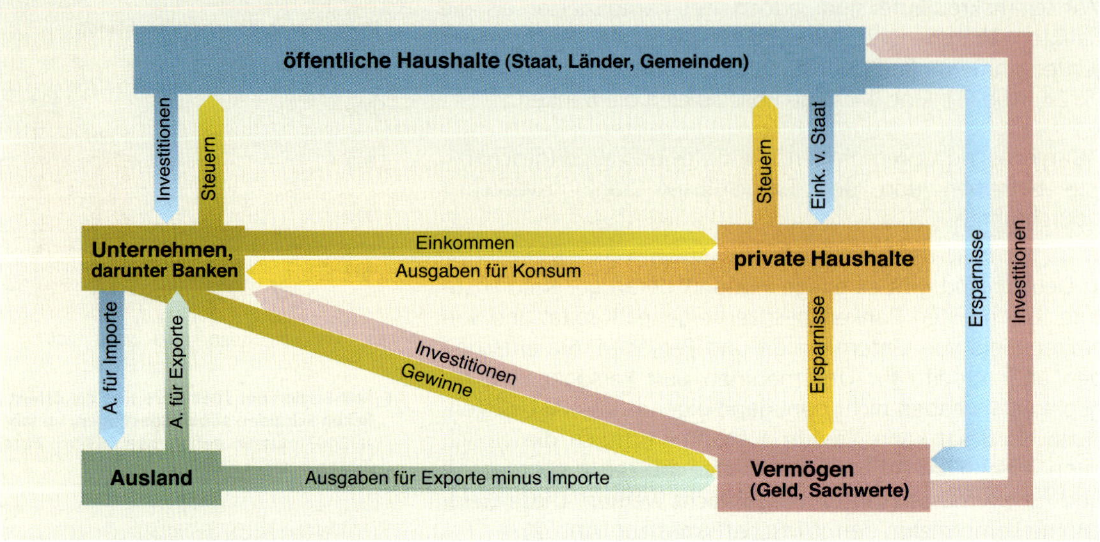

1 Im Wirtschaftskreislauf werden vereinfacht fünf Sektoren ausgegliedert: Unternehmen, private Haushalte, öffentliche Haushalte, Auslandsbeziehungen und Vermögen(sveränderungen). Zwischen ihnen bewegen sich vielfältige Geld- und Warenströme. Auch im Wirtschaftskreislauf befinden sich Speicher. Sie sind hier aber ausschließlich vom Menschen angelegt worden.

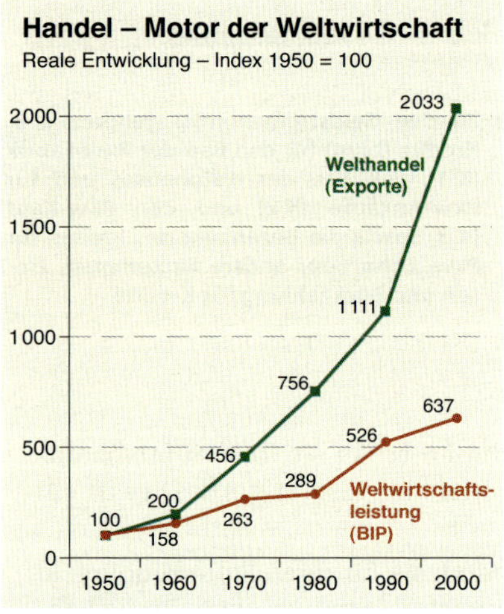

2 Die Entwicklung des Handels mit Gütern ist – vor allem im Vergleich mit der Entwicklung des Bruttoinlandsprodukts (BIP) – ein deutliches Indiz für die wachsenden Verflechtungen einzelner Wirtschaftszentren. Zur ökonomischen Globalisierung gehört auch die Internationalisierung der Produktion sowie der Absatz-, Arbeits- und Finanzmärkte.

Wirtschaftskreisläufe finden auf verschiedenen Ebenen statt. Sie können z. B. innerhalb eines Landkreises, eines Bundeslandes, eines gesamten Landes, innerhalb einer Euroregion, eines Wirtschaftsblocks oder über die gesamte Welt pulsieren. Da sie gegenseitigen Beeinflussungen und Abhängigkeiten unterliegen, kann man sie als Teilkreisläufe im Gesamtkreislauf betrachten. Neben den Geldströmen sind die Warenströme Kennzeichen der Wirtschaftskreisläufe. Überschreiten sie die Landesgrenzen, werden sie zu Importen und Exporten (Abb. 1). Sie erlangen ein immer größeres Gewicht und führen zu gewaltig wachsenden Güterströmen (Abb. 2) zwischen einzelnen regionalen und internationalen Wirtschaftszentren.

Im Rahmen der **ökonomischen Globalisierung** werden die Wirtschaftszentren, die sich durch **Regionalisierung** herausgebildet haben, stärker miteinander verbunden.

Die bedeutendsten **Wirtschaftszentren** der Erde, die ihrerseits mit fast allen Teilen der Welt verbunden sind, sind gegenwärtig der **europäische Wirtschaftsraum,** der **nordamerikanische Wirtschaftsraum** und der **asiatische Wirtschaftsraum.**

Die 27 Länder der Europäischen Union bilden mit ihren Beziehungen zu anderen europäischen Ländern wie der Türkei und Kroatien einen gewaltigen Wirtschaftsblock, der durch den Beitritt weitererer Länder zur EU gestärkt wird. Die USA sind eng verflochten mit Kanada und mit fast allen Staaten Mittel- und Südamerikas. Japan ist verbunden mit den Asean-Ländern Brunei, Malaysia, Philippinen, Singapur und Thailand sowie mit Südkorea und Taiwan. Die VR China erlangt eine zunehmende Bedeutung.

1.4 Aufgaben

Arten von Kreisläufen

1. In Natur, Technik und Wirtschaft existieren sehr verschiedene Kreisläufe. Dennoch haben sie gemeinsame Merkmale.
   a) Fertige eine Übersicht (z. B. Tabelle) über Kreisläufe an und stelle für jeden genannten Kreislauf Besonderheiten heraus, durch die er sich von anderen Kreisläufen unterscheidet!
   b) Nenne und erläutere das gemeinsame Merkmal von Kreisläufen!

2. An Kreisläufen sind Stoffe, Energie und Informationen beteiligt, jedoch in unterschiedlicher Weise.
   a) Erläutere, ob nur bei Stoffen von Kreisläufen gesprochen werden kann oder auch bei Energie und Informationen!
   b) Nenne und erläutere Beispiele dafür, dass in deiner näheren Umgebung Stoffe im „Kreis laufen"!

3. Der Kohlenstoffkreislauf ist die Grundbedingung jeglicher biologischer Aktivität auf unserem Planeten.
   a) Erläutere den Kohlenstoffkreislauf und gehe dabei insbesondere auf die obige Aussage ein!
   Nutze dazu auch die Abbildung!

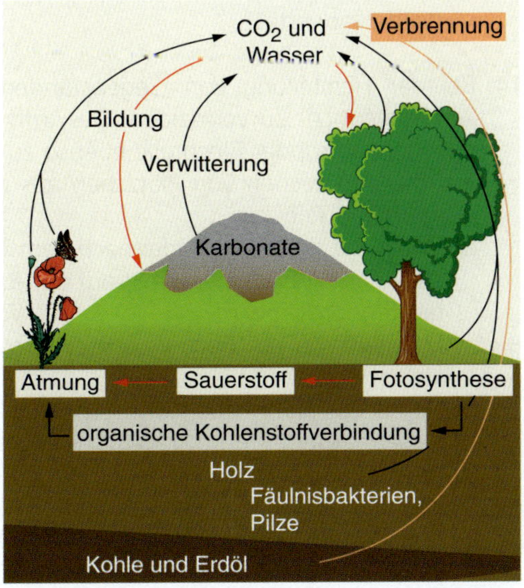

   b) In welcher Form ist der größte Anteil des vorhandenen Kohlenstoffs gebunden?
   c) In welchen Verbindungen liegt Kohlenstoff anorganisch gebunden vor?

4. Kohlenstoff hat unterschiedliche Herkünfte.
   a) Fertige eine dreispaltige Tabelle an und trage folgende Stoffe in die erste Spalte ein: Banane, Benzin, Mehl, Fleisch, Ton, Butter, Kohle, Holz, Glas, Kalk und Lehm!
   b) Kreuze in der zweiten Spalte die Stoffe an, die Kohlenstoff enthalten!
   c) Trage die Herkunft dieser Stoffe ein!

Stoff	C	Herkunft
...	...	...

   d) Was unterscheidet diese Stoffe voneinander?

5. Weise experimentell Veränderungen von Kohlenstoff nach!
   Vorbereitung:
   a) Nenne Beispiele für Veränderungen von Kohlenstoff!
   b) Baue eine Experimentieranordnung nach der Abbildung auf:
   Gib etwas Holzkohle in ein großes Reagenzglas! Verschließe das Glas mit einem zweifach durchbohrten Stopfen, der ein gebogenes Glasrohr enthält! Fülle einen 250 ml Erlenmeyerkolben mit 0,1 molarer Calciumhydroxidlösung!

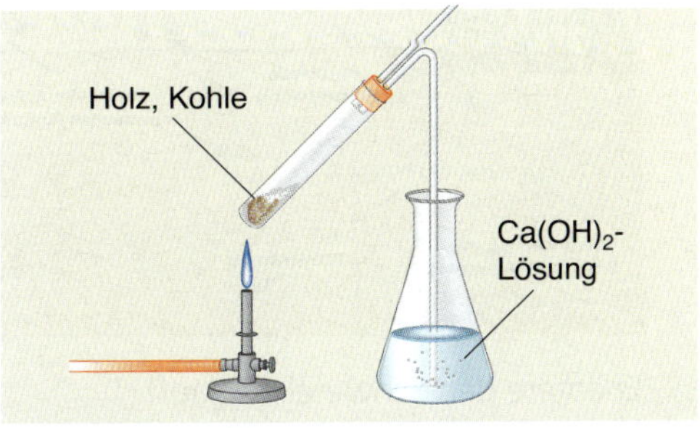

   Durchführung:
   a) Verglühe die Holzkohle im Reagenzglas über einem Bunsenbrenner und leite das entstehende Gas in den mit Calciumhydroxidlösung gefüllten Erlenmeyerkolben!
   b) Beobachte, was geschieht!

Auswertung:

a) Welches Gas kann mit Calciumhydroxid einen Niederschlag bilden?
Stelle die entsprechende Reaktionsgleichung auf!

b) Welches Gas entsteht beim Verglühen der Holzkohle?

6. Eng verbunden mit dem Kohlenstoffkreislauf ist der Sauerstoffkreislauf. Er kann auch als dessen „Umkehrung" bezeichnet werden.
   a) Fertige eine beschriftete Skizze zum Sauerstoffkreislauf an!
   b) Erläutere das Verhältnis zum Kohlenstoffkreislauf!

7. Der Stickstoffkreislauf besitzt für die Ernährung von Lebewesen besondere Bedeutung.
   a) Erläutere den Stickstoffkreislauf! Nutze dazu die Abbildung 1 auf Seite 15!
   b) Beschreibe den Weg vom Luftstickstoff zum tierischen Eiweiß!
   c) Wie nutzt und beeinflusst der Mensch den Stickstoffkreislauf für seine Zwecke?

8. Von Bedeutung für die Bioproduktion ist auch der Schwefelkreislauf.

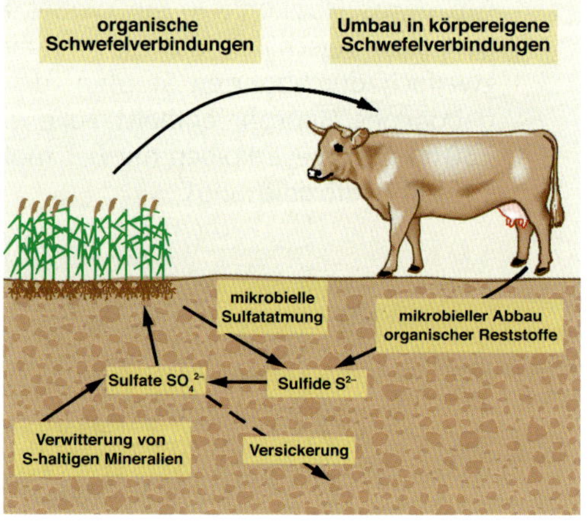

Erläutere den Schwefelkreislauf!
Nutze dazu die Abbildung!

9. Weise nach, dass bei Samenpflanzen ein Kreislauf stattfindet, der immer wieder bestimmte Lebensphasen durchläuft!
Fertige dazu eine Zeichnung an und erläutere den Kreislauf!

10. Bei Moos- und Farnpflanzen gibt es einen Kreislauf, der durch die Aufeinanderfolge einer ungeschlechtlichen und einer geschlechtlichen Generation gekennzeichnet ist.
Fertige zu diesem Generationswechsel eine Zeichnung an und erläutere sie!

11. Viele Parasiten leben in Kreisläufen. Zu ihnen gehören z. B. Zecke, Hundefinnenbandwurm oder Kleiner Fuchsbandwurm.
Fertige von einem parasitisch lebenden Organismus eine Kreislaufzeichnung an und erläutere sie!

12. Im Bereich der abiotischen Natur findet z. B. der Kreislauf der Gesteine statt.
Erläutere den Kreislauf der Gesteine in Form eines Posters! Es kann auch Fotos enthalten.

13. Im Zusammenhang mit vom Menschen ausgelösten und betriebenen Kreisläufen wird oft von Recycling gesprochen.
   a) Erkläre an einem Beispiel das Recyclingprinzip und seine Vorteile!
   b) Nenne Stoffe und Prozesse, bei denen Recycling schon allgemein üblich ist! Denke dabei nicht nur an Stoffe aus privaten Haushalten!
   c) Erläutere die Beteiligung von Organismen an technischen Recyclingprozessen!
   d) Bei welchen Stoffen fällt das Recycling am leichtesten?
   e) Welche Stoffe werden in eurem Haushalt wiederverwertet?

14. Bei der Herstellung von Gegenständen ist Abfall oft nicht zu vermeiden. Das trifft auf das Stanzen runder Blechteile ebenso zu wie auf das Ausstechen von Plätzchen aus dem ausgerollten Teig.
   a) Wie nutzt du den Teig, der nach dem Ausstechen von Plätzchen nicht auf das Backblech gebracht wird? Erläutere, ob ein Bezug zu Recycling besteht!
   b) Nimm ein Blatt Papier und schneide aus diesem Kreise unterschiedlicher Größe heraus! Welcher Anteil des Papiers wird für die Kreisflächen gebraucht, welcher Anteil stellt Abfall dar?

15. Recycling von Glas hat sich gegenüber einer Beseitigung auf Deponien durchgesetzt.
    a) Was geschieht mit den Glasscherben aus dem Sammelcontainer?
    b) Warum soll Glas nach seiner Färbung getrennt gesammelt werden?
    c) Wieso soll in den Glascontainer nur Glas geworfen werden?
    Was würde passieren, wenn andere Stoffe mit Glas gemischt würden?

16. Eine Form der wiederholten Nutzung von Stoffen ist die Verpackung (Flaschen, Dosen), die über das Pfand gesteuert wird.
    a) Was geschieht mit Pfandflaschen nach ihrer Rückgabe? Beachte die unterschiedlichen Pfandsysteme in Deutschland!
    b) Warum sollten Pfandflaschen nur geleert wieder zurückgegeben werden?
    Denke dabei sowohl an heiße Sommer- als auch an kalte Wintertage!

17. Ein oft heiß diskutiertes Beispiel für Recycling ist die Wiederaufarbeitung von Brennstäben aus Kernkraftwerken.
    a) Stelle wesentliche Argumente für und gegen die Wiederaufarbeitung von Kernbrennstäben zusammen!
    b) Entwickle eine Zeichnung zur Nutzung von Kernbrennstoff!
    Markiere darin besonders Stoffflüsse mit Kreislaufcharakter!

18. Im Bereich der Wirtschaft bestehen Warenkreisläufe und Geldkreisläufe. Erstere funktionierten schon vor der Einführung von Geld.
    a) Beschreibe einen Warenkreislauf, wie er vor der Einführung des Geldes bestand!
    b) Weise nach, dass die Einführung von Geld ein großer Vorteil für den Handel war!
    Gehe dabei auf die verschiedenen historischen Geldformen ein!
    c) Was stellt Geld eigentlich dar?
    d) Warum ist Buch- oder Giralgeld für die Bank und den Bankkunden von Vorteil?

19. Worauf muss man achten, wenn man einen Kredit aufnehmen will?

20. Unter welchen Bedingungen kann der Staat viele Investitionen vornehmen?

Anthropogene Eingriffe in natürliche Kreisläufe

21. Der Mensch greift durch seine wirtschaftliche Tätigkeit und zur Gestaltung seines Lebens zunehmend in natürliche Kreisläufe ein.
    a) Nenne zu mehreren natürlichen Kreisläufen Beispiele für anthropogene Eingriffe und erläutere sie und ihre Folgen!
    b) Fertige zu den Eingriffen in einen natürlichen Kreislauf und zu ihren Auswirkungen ein Poster an!
    c) Erläutere, wieso die Nutzung von Wasser im privaten Haushalt einen Eingriff in den natürlichen Wasserkreislauf darstellt!

22. Um die Wende vom 19. zum 20. Jh. konnte die industrielle Fixierung von Luftstickstoff mittels dreier Methoden verwirklicht werden: der Synthese von Salpetersäure aus Luft im elektrischen Lichtbogen, der Bindung von Luftstickstoff im Elektroofen zur Herstellung eines stickstoffhaltigen Produkts und der katalytischen Ammoniaksynthese aus Stickstoff und Wasserstoff unter hohem Druck.
    a) Bereite einen Vortrag über die beiden erstgenannten Methoden und ihre historische Entwicklung vor!
    Stelle dabei Zeichnungen von Geräten oder Verfahren vor und würdige die Leistungen der Forscher!
    b) Die dritte Methode ist unter der Bezeichnung Haber-Bosch-Verfahren bekannt.

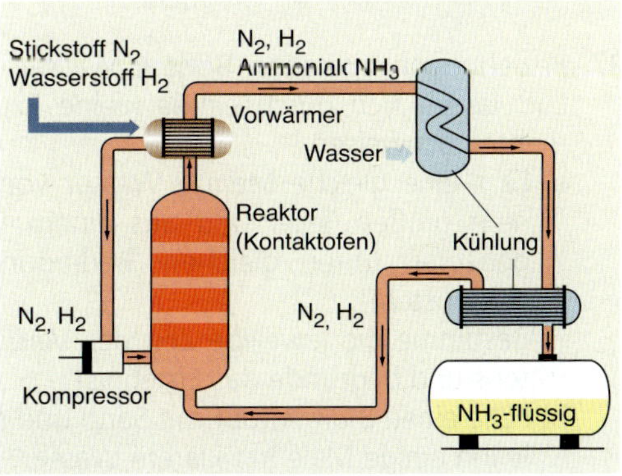

Erläutere dieses Verfahren bei Nutzung der Abbildung!
Bewerte die Leistungen von F. HABER, C. BOSCH und anderer beteiligter Forscher!

23. Eingriffe des Menschen in den natürlichen Kohlenstoffkreislauf wirken sich offensichtlich auf viele Bereiche der Natur und des Lebens der Menschen aus.
Bereite dich auf einen Vortrag zu dieser Problematik vor oder fertige ein Poster dazu an!

24. Natürliche Nährstoffkreisläufe werden durch das Betreiben von Land- und Forstwirtschaft beeinflusst.
Erläutere, wie Nährstoffkreisläufe mit und ohne Bewirtschaftung funktionieren!

Kreisläufe zwischen Boden, Wasser und Luft

25. In natürlichen Kreisläufen finden Stofftransporte zwischen Boden, Wasser und Luft statt!
   a) Weise nach, dass Bodensphäre, Hydrosphäre und Atmosphäre durch den Wasserkreislauf miteinander verbunden sind!
   b) Untersuche andere Kreisläufe hinsichtlich der Beteiligung von Boden, Wasser und Luft!

26. Zusammenhänge zwischen Boden, Wasser und Luft sind durch einige Überlegungen beschreibbar.
   a) Wo bleibt das Wasser, wenn ein nasser Boden austrocknet?
   b) Was geschieht mit Regenwasser, das auf den Erdboden gelangt?
   c) Wieso wächst eigentlich das Gras?

27. Beziehungen zwischen Boden, Wasser und Luft lassen sich durch einige kleine Experimente nachweisen.
   a) Lass eine gleiche Menge Wasser von einem großen Teller und aus einem Reagenzglas unter gleichen Bedingungen verdunsten!
   Bestimme die jeweilige Zeit des Verdunstens und begründe das Ergebnis!
   b) Fülle einen Blumentopf mit Sand und spüle ihn einige Male mit klarem Wasser!
   Gib anschließend eine Probe schlammigen Wassers auf den Sand und lass es hindurchlaufen!
   Was ist zu beobachten?
   Protokolliere die Ergebnisse!
   c) Spanne nach einem ergiebigen Regenfall eine Plastikplane über den nassen Boden!
   Was lässt sich nach einiger Zeit an der Plastikplane beobachten?
   d) Gib einen Kaffeefilter in einen Trichter und fülle ihn mit Sand!
   Gieße etwas blau gefärbtes Wasser hinein! Beobachte, was geschieht!
   e) Wiederhole die Aufgabe d), nimm jetzt aber ein Gemisch aus Sand und guter Blumenerde bzw. Komposterde!
   Was hat sich verändert?

Kreisläufe und Speicher

28. In Kreisläufen befinden sich verschiedene Speicher, deren Inhalte mehr oder weniger am Kreislauf teilnehmen.

   a) Erläutere die obige Aussage am Beispiel des Wasserkreislaufs!
   Unterscheide auch zwischen natürlichen und vom Menschen angelegten Speichern!
   Was geschieht, wenn einzelne Speicher stark geleert bzw. stark gefüllt werden?
   b) Untersuche unter dem Gesichtspunkt der Speicher und ihrer Veränderungen den Kohlenstoffkreislauf, den Nährstoffkreislauf und den Wirtschaftskreislauf!

29. Fülle ein Glas mit einer roten Flüssigkeit (z. B. Himbeersirup) und ein zweites mit klarem Wasser! Verbinde die Gläser mit einem vollständig mit Wasser gefüllten Schlauch!
   a) Gieße in eines der Gläser noch etwas Wasser! Was geschieht mit dem Wasserspiegel im zweiten Glas?

b) Sauge mit einer großen Pipette oder mit einem Strohhalm die Hälfte des Wasser ab! Was ist zu beobachten? Fertige von deiner Beobachtung eine Skizze an!
c) Übertrage das Versuchsergebnis auf drei Grundwasserleiter! Fertige Skizzen an!

30. Beschreibe an einem konkreten Beispiel (Kleinbetrieb in deinem Wohnort) Kreisläufe in der Wirtschaft!
Prüfe dabei vorhandene Speicher!

31. Stelle den Inhalt des Abschnitts „Kreisläufe – Kreisläufe" (S. 23) grafisch dar! Hebe dabei vorhandene Speicher hervor! Du kannst die Sachverhalte und Prozesse auch erweitern!

32. Nicht vorhandene Speicher können für den Wirtschaftskreislauf auch Verschuldung bedeuten.
a) Erläutere diesen Zusammenhang am Beispiel der Bundesrepublik Deutschland!
b) Welche Gründe führten zur Verschuldung der öffentlichen Haushalte?
c) Wieso werden dadurch die kommenden Generationen belastet?
d) Erläutere Möglichkeiten, den Schuldenberg eines Staates abzubauen!

Kreisläufe unterschiedlicher Dimensionen

33. Kreisläufe können in unterschiedlichen räumlichen Größenordnungen (lokal, regional, global) ablaufen (s. S. 17). Dabei sind kleinräumige Kreisläufe oft Teilkreisläufe von großräumigeren Kreisläufen.
a) Erläutere diese Zusammmenhänge am Beispiel des Wasserkreislaufs!
b) Untersuche die unterschiedlichen räumlichen Größenordnungen am Kohlenstoffkreislauf und am Wirtschaftskreislauf!

34. Räumliche Größenordnungen sind in Wirtschaftskreisläufen mit unterschiedlichen Transportentfernungen verbunden.
a) Welche Entfernung legt eine Kiwi aus Neuseeland nach Deutschland zurück?
b) Welche Früchte werden in deinem näheren Umfeld angebaut und wie weit sind deren Wege bis zum Verbraucher?
c) Wie weit reist eine Weintraube, wenn sie aus Südafrika kommt?

35. Viele Entwicklungsländer müssen für Importe von Nahrungsmitteln und Industriegütern mehr Geld ausgeben, als sie durch Exporte erwirtschaften können.
a) Erläutere Ursachen und Folgen dieser Situation!
b) Wie kann dieses Problem gelöst werden? Kann die Globalisierung dazu beitragen?

36. Begründe, weshalb die modernen Informationstechnologien dazu beitragen, dass Unternehmen weltweit effektiv arbeiten können!

37. Interpretiere die Karikatur!

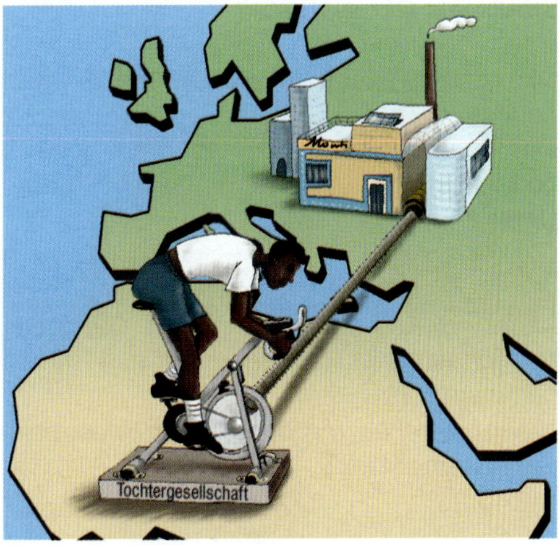

38. Beurteile die Möglichkeiten, die sich aus der Globalisierung für die Entwicklungsländer ergeben könnten! Recherchiere im Internet und beziehe folgende Aussage in deine Bewertung ein: Auf dem UN-Sozialgipfel im Juli 2000 wurde u. a. festgestellt, dass sich seit 1995 die Zahl der in absoluter Armut lebenden Menschen um rund 200 Millionen auf 1,2 Milliarden erhöht hat. Die Globalisierung und das schnelle, unaufhaltsame Fortschreiten der Technologien bieten nie dagewesene Chancen, die wirtschaftliche und soziale Entwicklung zu fördern. Dennoch können die Entwicklungsländer aber nur teilweise von den Vorteilen des weltweiten Handels einen Nutzen ziehen.

Ökosysteme in der Landschaft

Bereits bei einer oberflächlichen Betrachtung der Erde fallen deutliche Unterschiede in der Ausprägung einzelner Landschaftsbereiche auf. Sie zeichnen sich durch ihre Farben und Strukturen aus. Solche Bereiche können als Ökosysteme betrachtet werden.

Was ist unter einem Ökosystem zu verstehen und welche Struktur und Funktionsweise besitzt ein Ökosystem?
Welche Bedeutung haben Ökosysteme für die Existenz der menschlichen Gesellschaft?

Städte als Ökosysteme?

Ökosysteme treten in großer Vielfalt auf und nehmen auch ganz unterschiedlich große Räume ein. So gibt es natürliche, naturnahe, naturferne und künstliche Ökosysteme. Auch Städte sind Ökosysteme.

Nach welchen unterschiedlichen Gesichtspunkten können die Ökosysteme auf der Erde eingeteilt werden?
Worin bestehen die besonderen Merkmale des Ökosystems Stadt?

Ökosysteme in Gefahr

Ökosysteme werden durch natürliche Prozesse beeinflusst. Heute sind es vor allem Handlungen der Menschen oder deren Auswirkungen, die Ökosysteme und damit das Leben des Menschen selbst gefährden.

Welcher Art sind die Gefahren für Ökosysteme und wodurch werden sie verursacht?
Wie müssen die Menschen ihre Wirtschafts- und Lebensweise gestalten, damit Gefahren abgewendet werden?

2.1 Ökosysteme und ihr Funktionieren

Alle Organismen müssen zur Aufrechterhaltung ihrer Lebensfunktionen ständig Stoffe und Energie aus ihrer Umwelt aufnehmen und geben lebenslang auch Stoffe und Energie an die Umwelt ab. Dadurch sind sie mit den natürlichen Kreisläufen, z. B. dem Wasser-, dem Kohlenstoff-, dem Sauerstoff- oder dem Stickstoffkreislauf untrennbar verbunden (s. Abschnitt 1.1). Das trifft nicht nur für ein einzelnes Lebewesen zu, sondern auch für Ökosysteme. Diese Zusammenhänge werden durch den Vergleich mit einem künstlichen Ökosystem, dem **Aquarium,** besonders deutlich (Abb. 1).

Wie alle Systeme stellt auch das Aquarium ein abgegrenztes und zugleich offenes, gegliedertes Ganzes dar, dessen Elemente untereinander in Wechselbeziehung stehen.

In einem Aquarium gibt es wie in natürlichen Ökosystemen, z. B. einer Wiese oder einem Gewässer, nicht lebende Natur, die eine Lebensvoraussetzung für Organismen bildet. Im Aquarium sind das u. a. der den Boden bedeckende Kies, das Wasser mit seinen Eigenschaften und den darin gelösten Gasen (u. a. Sauerstoff und Kohlenstoffdioxid) und Mineralstoffen sowie die Licht- und Temperaturverhältnisse (Abb. 2). In natürlichen Landökosystemen kommen u. a. noch die Windverhältnisse, die Luftfeuchtigkeit sowie zahlreiche durch den Menschen produzierte Stoffe hinzu.

Die nicht lebenden Bestandteile eines Ökosystems werden **abiotische Ökosystemelemente** oder **abiotische Faktoren** genannt. In ihrer Gesamtheit bilden sie den nicht lebenden Teil eines Ökosystems, die Lebensstätte der Organismen. Biologen bezeichnen sie als **Biotop.**

Wie in jedem Ökosystem gibt es auch in einem Aquarium Lebewesen. Es sind Bakterien, Pilze, Pflanzen und Tiere.

Die einzelnen Lebewesen bilden die **biotischen Ökosystemelemente** oder **biotischen Faktoren** des Ökosystems (Abb. 3). Die Lebewesen eines Ökosystems bilden in ihrer Gesamtheit eine Lebensgemeinschaft. Diese wird als **Biozönose** bezeichnet.

Dabei ist es ganz gleich, ob es sich bei den räumlich und zeitlich zusammenlebenden Organismen um Individuen einer Art oder um Individuen verschiedener Arten handelt. Die in einer Biozönose vorkommenden Individuen einer Art oder verschiedener Arten stehen nicht nur mit den abiotischen Faktoren, sondern auch untereinander in enger Beziehung, weil sie sich gegenseitig beeinflussen und voneinander abhängig sind.

1 Ein Aquarium ist zunächst ein Behältnis zur Haltung von Fischen und anderen Wasserlebewesen. Damit man seinen Inhalt gut beobachten, sich daran erfreuen und sich entspannen kann, werden meist gläserne Wandungen gewählt. Soll die Freude jedoch anhalten, muss man ein Aquarium als Ökosystem betrachten und betreiben.

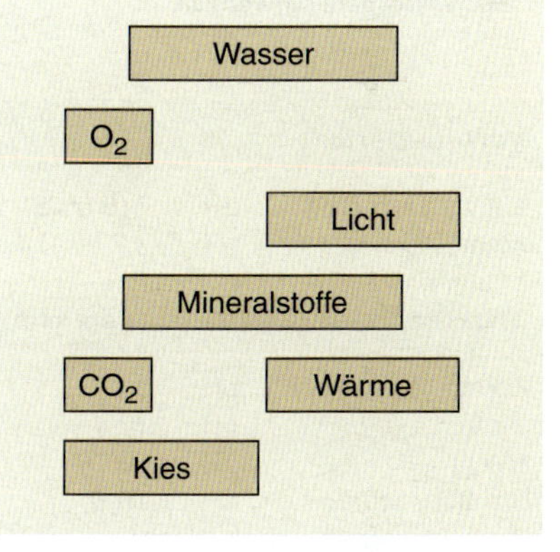

2 Wasser, Kies, Gase, Mineralstoffe, Licht und Wärme gehören zu den abiotischen Ökosystemelementen eines Aquariums.

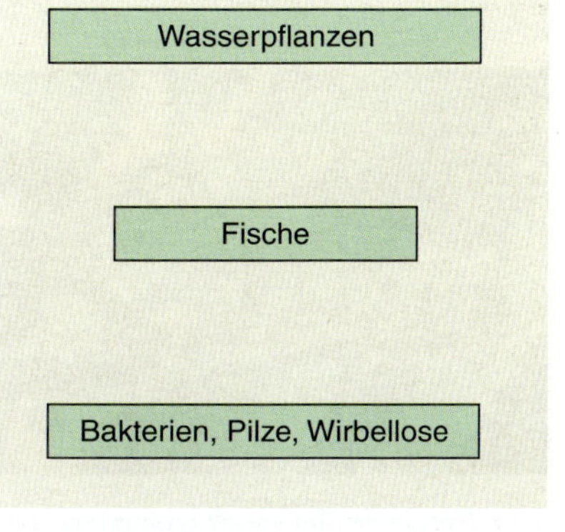

3 Wasserpflanzen, Fische und andere Tiere sowie Mikroorganismen bilden die biotischen Ökosystemelemente im Aquarium.

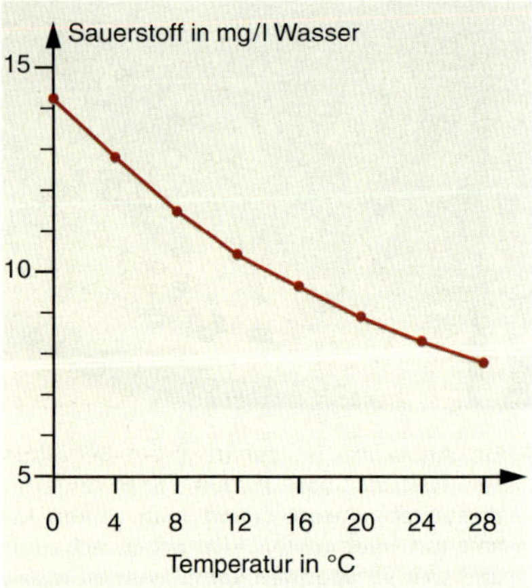

1 Zwischen dem Gehalt von gelöstem Sauerstoff im Wasser und der Temperatur des Wassers besteht ein direkter Zusammenhang. In einem aquatischen Ökosystem kann der Sauerstoffgehalt zusätzlich mit der Wassertiefe schwanken.

Vorzugswerte:		
Süßwasserfische	pH	7 (6 bis 8)
Meeresfische	pH	8,2 bis 8,4
Tödliche Werte (alkalischer Bereich):		
Forelle, Barsch	pH	9,2
Plötze	pH	10,4
Hecht	pH	10,7
Karpfen, Schlei	pH	10,8
Amerikanische Flusskrebse	pH	10,2

2 Das Vorkommen von Fischen und anderen Wassertieren in einem Gewässer ist vom pH-Wert des Wassers abhängig.

3 Im Ökosystem Binnensee gibt es viele Beispiele für die gegenseitige Nutzung von Organismen. So sind Gräser am Ufer Ruhe- und Paarungsplätze für Libellen.

Biotop und Biozönose sind untrennbar miteinander verbunden und bilden als Einheit das **Ökosystem.**

Kennzeichnend und wesentlich für das Funktionieren eines Ökosystems sind die **vielfältigen Wechselwirkungen** zwischen den Ökosystemelementen. Es gibt sie innerhalb des Biotops und innerhalb der Biozönose sowie zwischen abiotischen und biotischen Ökosystemelementen.

Zu den **Wechselwirkungen zwischen abiotischen Ökosystemelementen** gehören in einem Aquarium bzw. in einem Gewässer z. B. die zwischen der Temperatur des Wassers und dessen Sauerstoffgehalt (Abb. 1). Auch deshalb muss die Temperatur in einem Aquarium genau eingehalten werden.
Wechselwirkungen gibt es u. a. auch zwischen klimatischen und geologischen Verhältnissen, dem Wasserhaushalt oder den Oberflächenformen. So ist für die Entstehung eines Binnensees zunächst eine Hohlform des Reliefs eine Voraussetzung dafür, dass sich dort bei ausreichenden Niederschlägen Wasser sammeln kann. Das Verhältnis zwischen Niederschlägen, Verdunstung und Versickerung entscheidet mit darüber, ob die Wasserspiegelhöhe eines Sees annähernd gleich bleiben kann. Die Menge der Versickerung wiederum ist abhängig von den geologischen Verhältnissen im Untergrund. Der Abfluss aus einem See verhindert dessen Versalzung.

Wechselwirkungen zwischen abiotischen und biotischen Ökosystemelementen sind sehr *vielfältig.* Jedem Aquarianer ist bekannt, dass z. B. Warmwasserfische eine bestimmte Temperatur benötigen, um gut zu gedeihen. Wachstum und Entwicklung der Fische sind jedoch von mehreren abiotischen Systemelementen *zugleich* abhängig. Eine zu geringe Temperatur kann z. B. auch durch einen günstigen pH-Wert (Abb. 2) oder durch einen hohen Sauerstoffgehalt des Wassers *nicht* ausgeglichen werden. Die zu geringe Temperatur hat in diesem Fall den größten Einfluss auf das Gedeihen der Fische. Sie stellt das begrenzende Systemelement, den Mangelfaktor oder **Minimumfaktor,** dar.

Besonders vielfältig sind die **Wechselwirkungen zwischen biotischen Ökosystemelementen.** Dazu gehören u. a. die Konkurrenz um Nahrung und Lebensraum, die Symbiose, der Parasitismus und nicht zuletzt die Nahrungsbeziehungen.

Im Aquarium bzw. in natürlichen aquatischen Ökosystemen gibt es viele Beispiele dafür, dass die Individuen der einzelnen Arten andere Individuen nutzen, ohne ihnen zu schaden. Beispielsweise beherbergen Schilfpflanzen Schilfkäfer, Wanzen und Schmetterlingslarven. An den Stängeln des Sumpfrieds können sich Libellenlarven festhalten, Wasserlinsen bieten einen Ruheplatz für Insekten oder Schnecken setzen ihren Laich am Laichkraut ab (S. 32, Abb. 3).

Wechselwirkungen zwischen biotischen Ökosystemelementen äußern sich auch in ständiger **Konkurrenz** (Wettbewerb) **zwischenartlich** und auch **innerartlich,** wenn gleiche Ansprüche z. B. an Nahrung, Aufenthaltsort (Abb. 3) oder auch hinsichtlich der Aktivitätszeiten bestehen.

Pflanzen eines Standorts konkurrieren um Licht, Wasser und Mineralsalze. Diejenigen, für die diese Lebensbedingungen günstiger sind, wachsen schneller, bekommen mehr Licht und beschatten andere, die dadurch in ihrer Entwicklung gehemmt werden. Konkurrenz gibt es auch bei *Tieren.*

Symbiosen gibt es u. a. zwischen Raubfischen und Putzerfischen (Abb. 1), zwischen Einsiedlerkrebsen und Seeanemonen oder zwischen Seeanemonen und Clownfischen.

Bei vielen Waldbäumen, u. a. bei Eiche, Birke, Lärche, gibt es eine besondere Form der Symbiose, die **Mykorrhiza.** Dabei sind die Wurzeln in der oberen Bodenschicht mit einem Geflecht von Pilzfäden umgeben. Die Pilzfäden dringen bis in die Wurzeln ein. An diesen Stellen fehlen die Wurzelhaare, durch die sonst die Aufnahme von Wasser und Mineralsalzen erfolgt. Diese Aufgabe übernehmen die Pilzfäden. Diese entnehmen aus den Wurzeln der Bäume Kohlenhydrate und andere organische Stoffe.

Eine andere Form der Beziehungen zwischen Arten ist der **Parasitismus. Parasiten** sind im Tierreich weitverbreitet. Man unterscheidet zwischen Innen- und Außenparasiten. Auch unter den Pflanzen gibt es Parasiten. Hier werden Halb- von Vollparasiten unterschieden (Abb. 2).

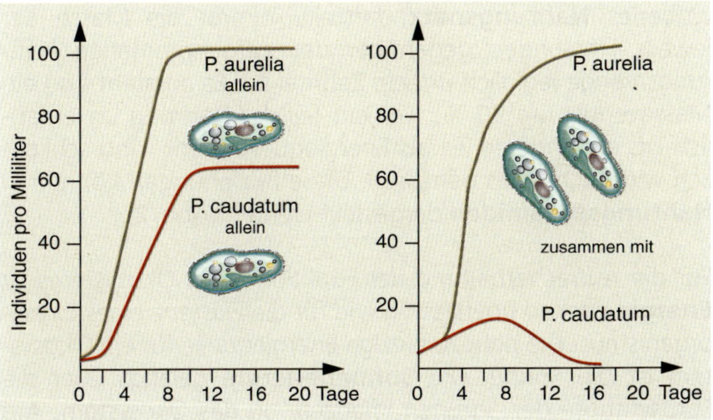

1 Wechselseitigen Nutzen haben Putzerfische und ihre Kunden, die die Putzstationen regelmäßig besuchen. Die Raubfische werden von den Parasiten ihrer Haut befreit, die Putzerfische ernähren sich von diesen. Bisher sind über 45 Arten von Putzerfischen bekannt.

2 Der Halbparasit Mistel wächst u. a. auf Pappeln. Mithilfe eigener Blätter kann die Mistel selbst organische Stoffe aufbauen.

3 Pantoffeltierchenarten haben die gleichen Ansprüche an ihre Nahrung. Wenn zwei Arten unterschiedliche Anprüche an ihren Lebensraum haben, können sie in Koexistenz leben. Kommt jedoch zum gleichen Nahrungsanspruch noch der Anspruch auf einen gleichen Lebensraum, besteht Konkurrenzsituation. Das ist bei den Arten Paramecium aurelia und Paramecium caudatum der Fall. Beide leben in Nähe der Wasseroberfläche. P. caudatum, die alleinlebend weniger Individuen bildet als P. aurelia, unterliegt beim Zusammentreffen mit P. aurelia in der Konkurrenz.

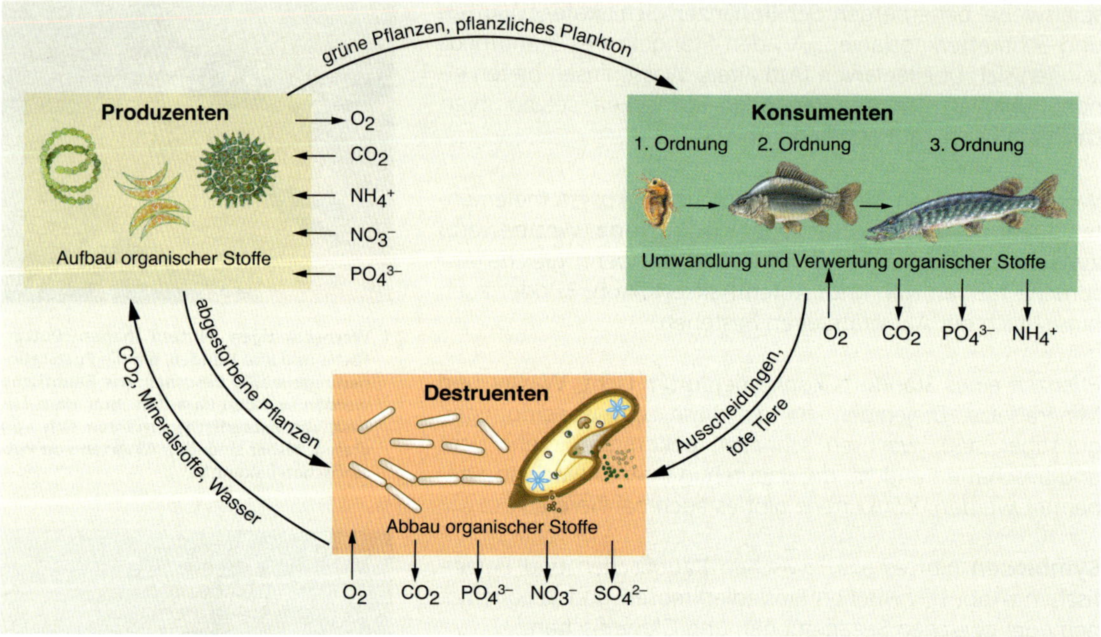

1 Die Wechselwirkungen zwischen Produzenten, Konsumenten und Destruenten auf der Grundlage der Nahrungsbeziehungen verlaufen auch im Ökosystem Aquarium bzw. See kreislaufähnlich.

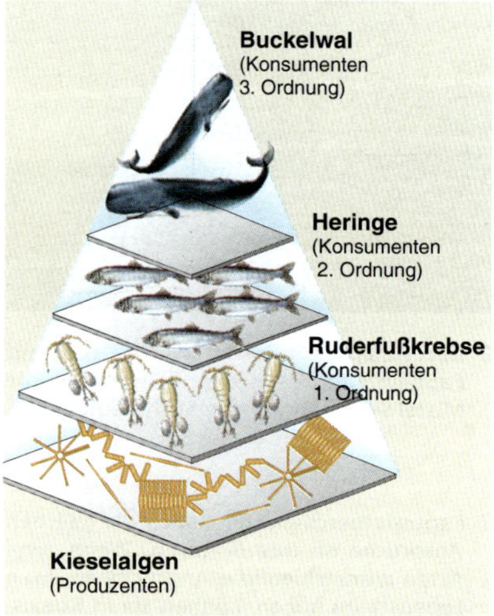

2 Ein Buckelwal frisst je Tag etwa 5 000 Heringe. Jeder dieser Heringe ernährt sich täglich von ca. 6 000 Ruderfußkrebschen. Jedes dieser Tiere wiederum verzehrt ca. 130 000 Kieselalgen.
Ein einziger Konsument 3. Ordnung (Buckelwal) lebt also umgerechnet von ca. 390 Milliarden Produzenten (Kieselalgen).

Von besonderer Bedeutung im Ökosystem sind die **Nahrungsbeziehungen.** Wie in anderen Ökosystemen besteht dabei auch im Aquarium/Gewässer eine kreislaufähnliche Grundbeziehung zwischen Produzenten, Konsumenten und Destruenten. „Grüne Pflanzen" stehen als **Produzenten** jeweils am Anfang. Von ihnen sind die **Konsumenten** der verschiedenen Ordnungen direkt oder indirekt abhängig. Andere Organismen (z. B. Bakterien, Pilze) verwerten als **Destruenten** u. a. tote Reste von Pflanzen, Tieren, Pilzen oder Bakterien und bauen diese zu anorganischen Stoffen ab, die den Produzenten wieder zur Verfügung stehen (Abb. 1). Im Nährstoffkreislauf sind also anorganische und organische Faktoren miteinander verbunden.

Auf dem Weg von den Produzenten zu den Endkonsumenten, der eine **Nahrungskette** bzw. oft ein kompliziert verwobenes **Nahrungsnetz** darstellt, nimmt die Masse der jeweils Fressenden gegenüber der aufgenommenen Nahrungsmenge lediglich um ein Zehntel zu. Es entsteht also ein Masseverlust um 90 %, weil ein Teil der Nahrung unverdaulich ist, ein anderer Teil als Energiequelle dient. Und schließlich wird nicht alles gefressen. Diese Beziehungen können in **Nahrungspyramiden** dargestellt werden (Abb. 2).

Für die Aufrecherhaltung der Funktion eines Ökosystems ist **Energie** ebenso unerlässlich wie für die Existenz eines Einzelorganismus. Die nahezu einzige Energiequelle für ein Ökosystem ist die Sonne. Die **Sonnenenergie** gelangt über die Fotosynthese der „grünen Pflanzen" in das Ökosystem. Am

Ende dieses Prozesses ist sie in den gebildeten organischen Stoffen enthalten, und zwar zu einem Anteil von 0,8 % der eingestrahlten Energie. Alle anderen Organismen gelangen zur benötigten Energie durch Aufnahme von Stoffen, die letztlich von grünen Pflanzen gebildet wurden. In der Nahrungskette wird die Energie praktisch von einer Stufe zur anderen „weitergereicht". Dabei entstehen durch Wärmeabgabe und Atmung ständig Verluste, sodass die Energie schließlich entwertet ist. Im Ökosystem gibt es also keinen Energiekreislauf, sondern einen **Energiefluss.** Er führt dazu, dass die durch Fotosynthese „eingefangene" Energie schließlich nicht mehr zur Verfügung steht und die Fotosynthese folglich heute eine unerlässliche Voraussetzung dafür ist, das Leben auf der Erde zu erhalten (Abb. 1).

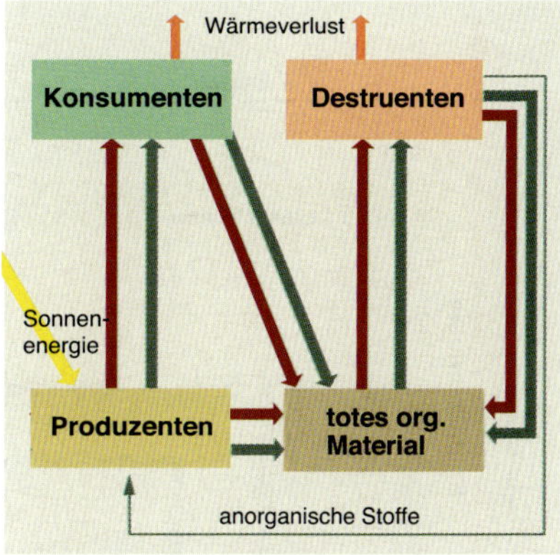

1 Während Energieflüsse stets mit Ein- und Ausstrahlung verbunden sind, können Nährstoffe innerhalb des Ökosystems Kreisläufe bilden.

Ökosysteme sind **offene Systeme.** Sie haben **Außenbeziehungen** zu ihrer Umgebung.

Ökosysteme stehen meist mit ihrer Umgebung in **Stoff-, Energie- und Informationsaustausch.** Unter Umgebung sind dabei sowohl **Atmosphäre** und **Lithosphäre** als auch **benachbarte Ökosysteme** wie Eingriffe der Menschen (s. Abschnitt 2.3) zu verstehen. Dadurch werden Ökosysteme positiv oder negativ beeinflusst. Ihrerseits wirken sie ebenfalls auf ihre Umgebung ein. Erst durch die Beachtung all dieser Beziehungen lassen sich Energieflüsse, Stoffkreisläufe und Informationsflüsse in Ökosystemen wirklichkeitsnah erfassen.
Beim künstlichen Ökosystem Aquarium (Abb. 2) übernimmt der Mensch wichtige Beziehungen „künstlich".
Außenbeziehungen sind auch in natürlichen Ökosystemen gut zu erkennen. **Stoffe** werden von außen zugeführt und nach außen abgegeben (Abb. 3).

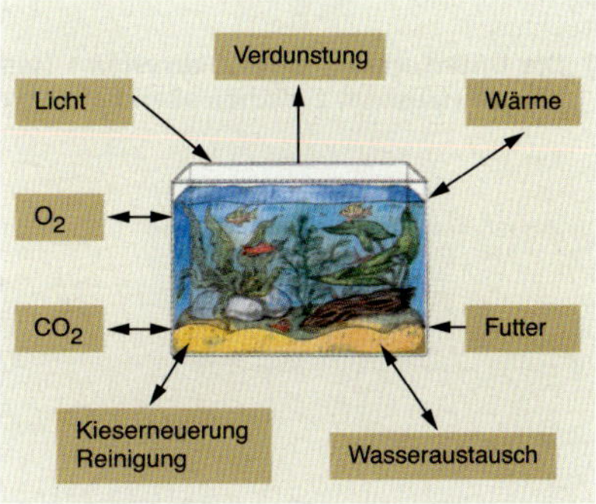

2 Außenbeziehungen eines Aquariums

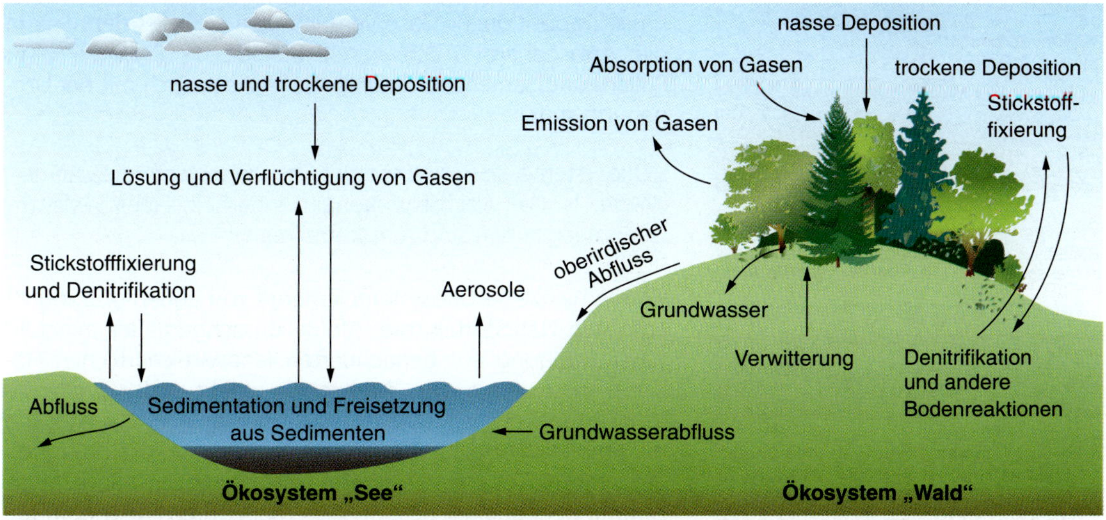

3 Stoffein- und -austräge aus Ökosystemen und in Ökosysteme sind oft mit dem Wasserkreislauf verbunden.

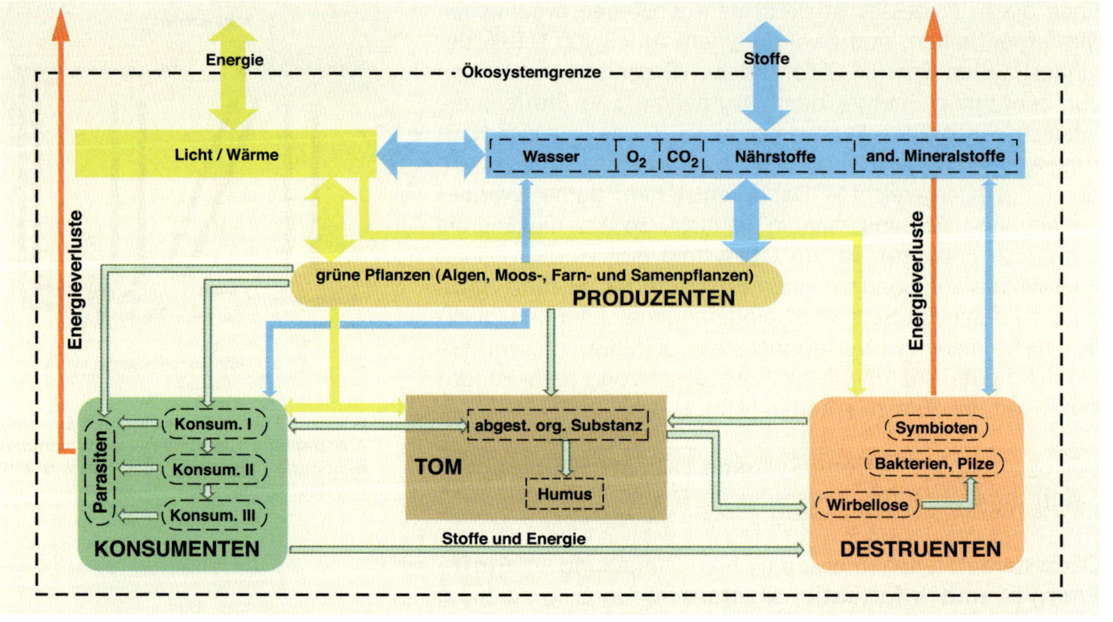

1 Die Untersuchung eines Ökosystems stellt die Betrachtung des natürlichen Stoff- und Energiehaushalts („öko": griech. *oikos* = Haushalt) zwischen allen beteiligten Ökosystemelementen und zur Umgebung in den Mittelpunkt.

So erhält ein See aus Niederschlägen oder Zuflüssen Wasser und gibt Wasser durch Verdunstung oder Abflüsse ab. Zuflüsse aus **benachbarten Ökosystemen,** in denen die Ökosystemelemente *andere* Inhalte besitzen, enthalten u. a. Bodenpartikel und Nähr- oder Schadstoffe. Nährstoffe gelangen auch durch Verwitterungsprozesse aus den Gesteinen der **Lithosphäre** in den See, andererseits werden nicht mehr abbaubare Stoffe als Sedimente abgelagert. Auf die Wasseroberfläche gelangen aus der **Atmosphäre** trockene und nasse Depositionen. Gase verflüchtigen sich aus dem See in die Atmosphäre. Auch durch biologische Prozesse (z. B. Pollen- und Samenverbreitung) findet Austausch mit der Umgebung statt.

Ökosysteme sind sehr komplexe, vielschichtige Systeme (Abb. 1). Die Wechselwirkungen innerhalb eines Systems und nach außen sind sehr kompliziert.

Werden einzelne Ökosystemelemente von außen (z. B. durch erhöhten Nährstoffeintrag infolge unsachgemäßer mineralischer Düngung auf benachbarten landwirtschaftlichen Flächen) oder durch den **Menschen** direkt (z. B. durch die Vernichtung einzelner Arten) gestört, kann es zur Störung der Stabilität (Abb. 2) oder gar zur Vernichtung des gesamten Ökosystems kommen. Zahlreiche **Störfaktoren** hängen derzeit mit der Tätigkeit des Menschen und ihren Auswirkungen zusammen (s. Abschnitt 2.3).

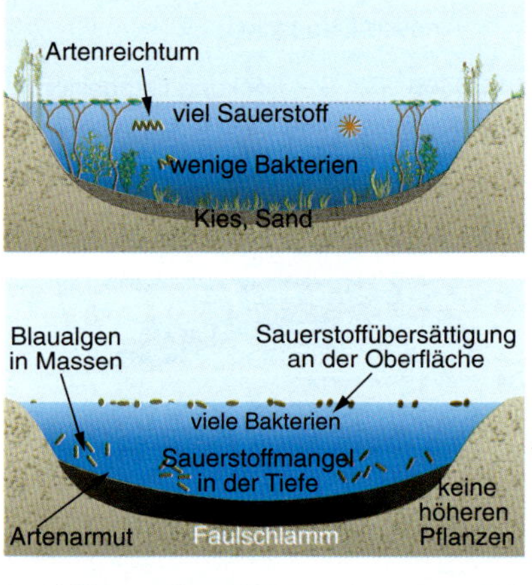

2 Erhöhter Nährstoffeintrag in ursprünglich nährstoffarme, artenreiche Ökosysteme „Binnensee" führt zu deren Eutrophierung und damit zu Verschmutzung und Artenarmut.

Über Systeme und Tope

Ökosysteme sind sehr komplexe, vielschichtige Gebilde. Ihre Funktionsweise zu erkennen, ist aufgrund der Vielzahl ihrer Systemelemente und der zwischen diesen wirkenden Wechselbeziehungen sehr kompliziert. Deshalb werden oft nur Teile von Ökosystemen, *Teilsysteme,* untersucht und dies auch aus der Sicht unterschiedlicher Wissenschaften. Dabei werden die biotischen Ökosystemelemente als das Teilsystem **Biosystem,** die abiotischen Ökosystemelemente als das Teilsystem **Geosystem** betrachtet (Abb. 1).
Durch getrennte Untersuchung der Teilsysteme Bio- und Geosystem sind zwar wertvolle Teilergebnisse zu erhalten, jedoch gewähren diese noch keinen Einblick in die Funktionsweise eines Ökosystems. In ökologische Untersuchungen werden deshalb zumindest Teile des jeweils anderen Teilsystems mit einbezogen. Dann wird vom **Bioökosystem** bzw. vom **Geoökosystem** gesprochen (Abb. 2).

Bei all diesen Systemen wird ihre Funktionsweise untersucht, sie werden **funktional** betrachtet. Alle diese Systeme funktionieren jedoch nur innerhalb bestimmter räumlicher Abgrenzungen. Um diese erfassen zu können, ist eine **räumliche** Betrachtungsweise erforderlich. Sie führt zur Ausgliederung räumlicher Einheiten.

Dadurch, dass unterschiedliche Wissenschaften Ökosysteme untersuchen, kommt es auch nicht selten dazu, dass bestimmte Benennungen in verschiedenen Wissenschaftsbereichen mit unterschiedlichem Inhalt gebraucht werden. Ein einheitlicher Gebrauch bestimmter Begriffe hat sich bisher noch nicht herausgebildet. Ein Beispiel dafür ist der Begriff **Biotop** (Abb. 3).

Er wird von Biologen als der nicht lebende Teil eines Ökosystems betrachtet (s. S. 31) und ist damit in die funktionale Betrachtung eingeschlossen. Für Geografen sind die **Tope** (griech. tópos = Ort) die kleinsten homogenen räumlichen Einheiten. Hier ist der Biotop das kleinste Verbreitungsgebiet einer Biozönose, der **Ökotop** eine unter mehreren räumlichen Einheiten, in der ein Ökosystem funktioniert. Ökosysteme existieren z. B. auch in Ökoregionen (s. Abschnitt 3.1).

Untersucht man entsprechend seinem Forschungsziel nicht ein gesamtes Ökosystem, sondern ein Bioökosystem oder ein Geoökosystem, können die entsprechenden räumlichen Einheiten **Bioökotop** bzw. **Geoökotop** (Abb. 4) genannt werden.

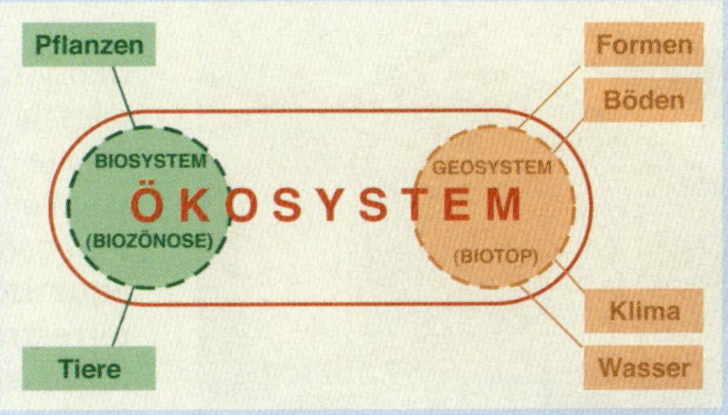

1 Aus Ökosystemen können Biosysteme und Geosysteme ausgegliedert werden. Beide werden untergliedert.

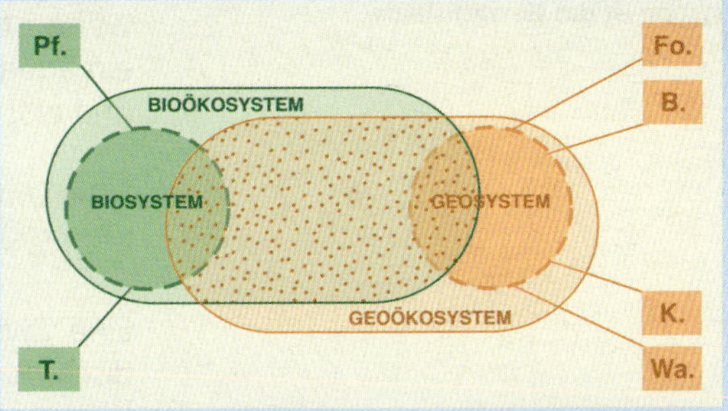

2 Bioökosysteme werden von der Bioökologie, Geoökosysteme von der Geoökologie erforscht.

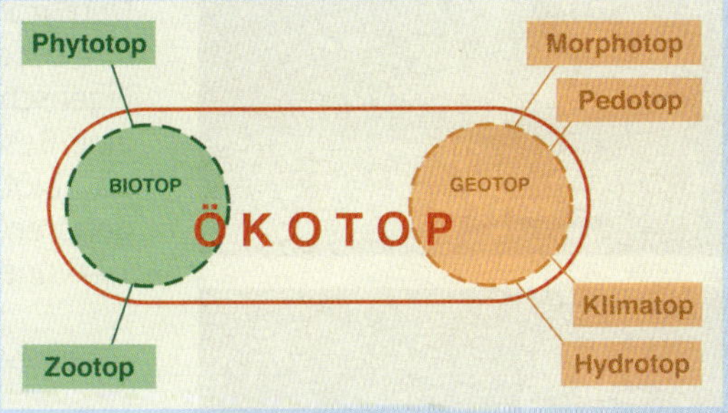

3 Der Biotop wird von der Geoökologie als die räumliche Einheit des Biosystems aufgefasst.

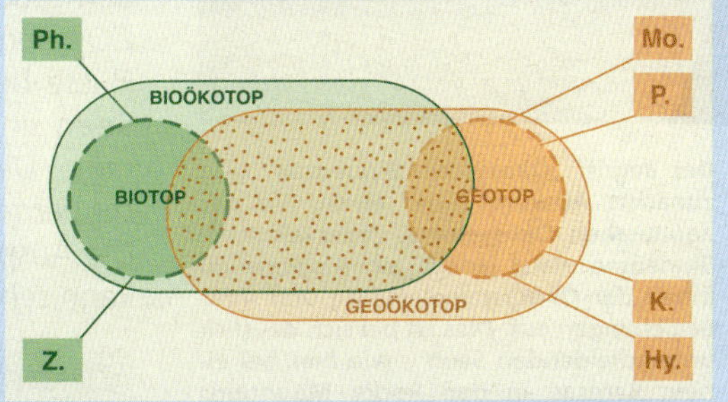

4 Die Abgrenzung von Bio- und Geoökotopen ist nicht weniger einfach als die Untersuchung der Systeme.

2.2 Die Vielfalt von Ökosystemen

1 Ein weiteres künstliches, vom Menschen für bestimmte Zwecke geschaffenes Ökosystem ist das Gewächshaus.

Ökosysteme treten in großer Vielfalt auf. Das hängt mit der Vielzahl der Ökosystemelemente, ihrer jeweiligen konkreten Inhalte und deren komplizierten Wechselwirkungen zusammen (s. Abschnitt 2.1). Ökosysteme können nach *verschiedenen* Gesichtspunkten gruppiert werden, so nach **aquatischen Ökosystemen** (Gewässerökosysteme) und **terrestrischen Ökosystemen** (Landökosysteme), nach **natürlichen** und **künstlichen Ökosystemen** oder nach ihrer Größenordnung (z. B. lokal, regional und global).

Nach diesen drei Gesichtspunkten können einzelne Ökosysteme *mehrfach* zugeordnet werden. Das **Aquarium** beispielsweise ist ein künstliches Ökosystem (Abb. 1) und gleichzeitig ein aquatisches Ökosystem. Im Vergleich mit dem Binnensee und erst recht mit dem Ozean ist es ein Kleinstökosystem.

Die Unterscheidung von Gewässerökosystemen und Landökosystemen zeigt sich als besonders brauchbar.

Eine Zwischenstellung nehmen Ökosysteme ein, die periodisch überflutet werden bzw. trocken fallen. Das betrifft z. B. Küstengebiete (Ebbe und Flut) oder Gebiete mit jahreszeitlicher Überflutung (Regen- und Trockenzeiten).

Den größten Teil der Erde bedecken **Gewässerökosysteme.** Ihre Lebensbedingungen werden durch das Wasser und seine Eigenschaften bestimmt. Diese Besonderheiten bewirken eine Besiedlung durch solche Organismen, deren Ansprüche an abiotische und biotische Faktoren hier erfüllt sind. Dazu gehören nicht nur Fische, sondern auch zahlreiche andere Tier- und Pflanzenarten sowie Bakterien und Pilze.

Gewässerökosysteme sind u. a. Meer, See und Fluss.

Das Wasser der **Meere** ist salzhaltig. Besondere Bedeutung haben die Meeresalgen, nicht nur in der Nahrungskette, sondern auch wegen ihres hohen Anteils an der Bindung von CO_2 und der Bildung von O_2 durch Fotosynthese. Seen und Flüsse befinden sich auf den großen Landflächen der Erde. **Seen** sind – wenn sie Abflüsse besitzen – Süßwasserökosysteme. Dieses Merkmal trifft auch auf **Flüsse** zu, deren Wasser dem tiefstmöglichen Niveau zustrebt.
Die Ausprägung der Ökosysteme Meer, Binnensee und Fluss kann sehr unterschiedlich sein (Abb. 2).

2 Der Begriff „Ökosystem Binnensee" gibt zunächst Auskunft über einen Typ der aquatischen Ökosysteme. Jeder einzelne Binnensee weist jedoch einen speziellen Inhalt der Ökosystemelemente und ihrer Beziehungen auf. Dies ist bei sich deutlich unterscheidenden Seen – wie hier bei einem Bergsee in den Rocky Mountains (oben) und einem Billabong aus dem Nordosten Australiens (unten) – bereits an äußeren Merkmalen erkennbar.

Zu den Typen von **Landökosystemen** gehören u. a. die Wüste, das Grasland, der Wald, der Boden, das Gebirgsökosystem, das Agroökosystem und das Stadtökosystem.

Auch bei den Landökosystemen besteht jeweils eine große Vielfalt. So ist das allgemeine Merkmal für **Waldökosysteme** die Dominanz von Bäumen. In Abhängigkeit von der Ausprägung der Ökosystemelemente und der Außenbeziehungen gibt es eine große Vielfalt unterschiedlicher Waldformen auf der Erde, so tropische Regenwälder (Abb. 1), regengrüne Monsunwälder, sommergrüne Laubwälder oder (kalt)temperierte Nadelwälder (Taiga).

Mit **Wüste** ist weitgehende Vegetationslosigkeit gemeint, die durch Wassermangel für die Organismen verursacht wird (Abb. 2). Wüsten können jedoch als Hitzewüsten, Trockenwüsten oder Kältewüsten in Erscheinung treten.

Agroökosysteme wurden durch die Tätigkeit des Menschen geschaffen. Sie funktionieren aber weitgehend natürlich. Zumindest Grün- und Ackerland (Abb. 3) sind zu unterscheiden. Auch das **Stadtökosystem** ist durch den Menschen geschaffen worden und dient ihm als Lebens- und Wirtschaftsraum. Beide werden ausschließlich vom Menschen gesteuert (s. S. 19).

Ökosysteme unterscheiden sich durch die konkrete Ausprägung ihrer Ökosystemelemente sowie der Wechselwirkungen im Innern und nach außen voneinander.

In unterschiedlichen Ökosystemen sind jeweils andere **Arten** und folglich **Nahrungsbeziehungen** gegeben (Abb. 4).

1 **Der tropische Regenwald weist eine besondere Artenvielfalt (3 000 Baumarten je ha), einen fünfschichtigen Aufbau und eine reiche Tierwelt auf. Er ist die Folge ganzjährig hoher Temperaturen und Niederschläge.**

2 **Minimumfaktor in den Wüsten ist das Wasser. Die wenigen Pflanzen haben oft Polsterform, können Wasser lange speichern und besitzen Verdunstungsschutz.**

4 **Die zwei Ökosysteme „Wald" (oben) und „Feldrand" weisen jeweils eine ganz charakteristische Artenzusammensetzung auf. Folglich haben sich auch unterschiedliche Nahrungsketten herausgebildet. Das trifft ebenfalls auf die bestehenden Nahrungsnetze zu.**

3 **Bei Agroökosystemen bestimmen nicht die abiotischen Faktoren allein die Anzahl der Arten. Der Mensch führt die Artenarmut auf dem Feld künstlich herbei.**

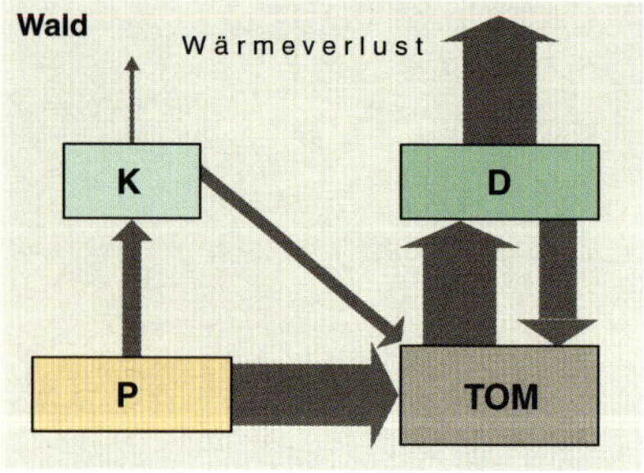

a) Im natürlichen Wald ist der Energiefluss von den Produzenten zum toten organischen Material viel größer als zu den Konsumenten. Deshalb ist der Fluss von den Konsumenten zum TOM ebenfalls klein.

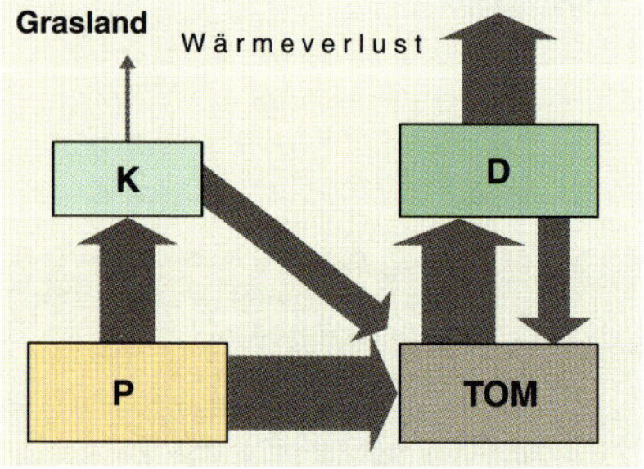

b) Beim Grasland fließt ein deutlich größerer Teil der Energie von den Produzenten zu den Konsumenten als beim Wald. Entsprechend größer ist der Fluss von diesen zum toten organischen Material.

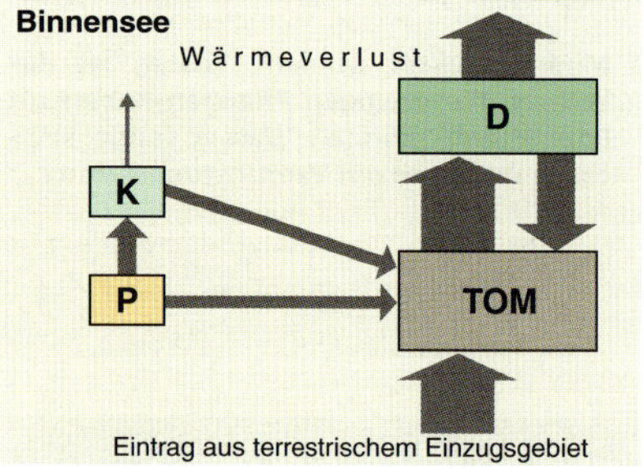

c) Das Ökosystem Binnensee erhält bedeutende Energieanteile durch Einträge aus benachbarten terrestrischen Ökosystemen. Demgegenüber ist die Bedeutung von P und K gering.

2 In den Energieflusszeichnungen sind die Größen der Kästchen und der Pfeile proportional zur Wirklichkeit. Die Abkürzungen bedeuten:

- P – Produzenten,
- D – Destruenten,
- K – Konsumenten,
- TOM – totes organisches Material.

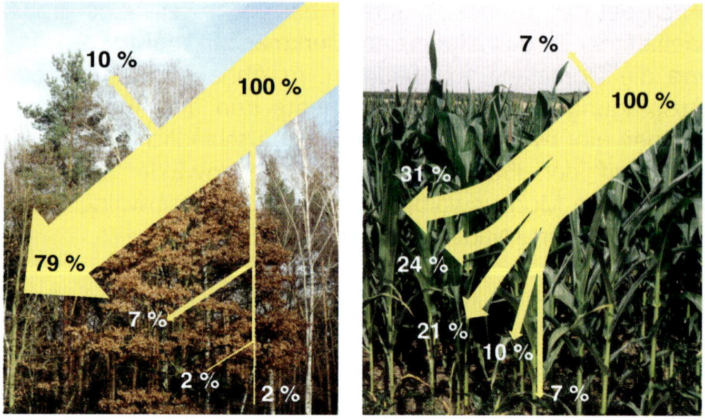

1 Die Reflexion der Sonneneinstrahlung von der Oberfläche der Pflanzengesellschaften und ihre Abschwächung an den verschiedenen Schichten bis zum Boden ist beim Mischwald (links) und beim Mais (rechts) deutlich anders. Einfluss auf diese Prozesse haben auch das jeweilige Entwicklungsstadium der Vegetation sowie die Jahres- und die Tageszeit.

Die jeweils vorhandenen Pflanzen- und Tierarten geben über den unterschiedlichen Inhalt der *biotischen* Ökosystemelemente Auskunft. Sie sind vom *abiotischen* Systemelement **Klima** entscheidend geprägt. In Agroökosystemen baut der Mensch zwar auch Pflanzen an, die im herrschenden Klima gedeihen können, doch er unterdrückt die Vielfalt der Arten an Wildpflanzen und -tieren (S. 39, Abb. 3). Beim Einsatz von genbehandelten Pflanzen kann sich das noch stärker bemerkbar machen, da diese u. a. gegen Herbizide noch unempfindlicher sind.

Die für den Prozess der Fotosysnthese und damit für das Pflanzenwachstum unentbehrliche **Lichteinstrahlung** der Sonne gehört zu den Einflüssen, die *von außen* auf ein Ökosystem einwirken. Diese einzige Energiequelle des Stoff- und Energiewechsels der Pflanzen verändert ihre Intensität jedoch in Abhängigkeit von der Jahres- und der Tageszeit sowie von den Wetterverhältnissen. Hinzu kommt, dass tiefere Schichten einer Pflanzengesellschaft wesentlich weniger Strahlungsenergie erhalten als höhere (Abb. 1). Das hat deutlichen Einfluss auf die jeweils stattfindende Verdunstung und die Fotosynthese. Nur bei Vegetationslosigkeit, wie sie in einer Wüste oder bei frisch gepflügtem Acker gegeben ist, erreicht die gesamte Strahlung die Erdoberfläche.

Vom Typ des Ökosystems ist es auch abhängig, wie groß die Bedeutung von Produzenten, Konsumenten, Destruenten und des toten organischen Materials sowie die **Energieflüsse** *zwischen ihnen und nach außen* jeweils sind (Abb. 2, a bis c). Übereinstimmend zwischen den einzelnen Ökosystemen ist, dass die Destruenten für die Energieabgabe nach außen vor allem „verantwortlich" sind.

Die Stadt – ein Ökosystem?

Städte unterscheiden sich u. a. durch die Dichte der Bebauung und der Bevölkerung von ihrem Umland. Große Flächen sind überbaut, versiegelt oder verdichtet. Die **Zerschneidung** der Fläche durch Verkehrswege und die **Verinselung** von Lebensräumen ist oft extrem. Trotzdem ist die Artenzahl von Pflanzen und Tieren aufgrund der Vielfalt an unterschiedlichen Lebensbedingungen und der vom Menschen eingeschleppten Arten insgesamt sehr hoch. Städte beherbergen nicht nur in zoologischen Gärten Tiere (Abb. 1) und Pflanzen. Auch Straßenränder, freie Plätze und Parkanlagen dienen als Lebensraum. Von besonderer Bedeutung sind schattenspendende Bäume.

Innerhalb der Städte gibt es neben Industrieanlagen, Büro- und Wohnhochhäusern sowie Verkehrsbauten auch Grünanlagen und Parks, Kleingärten und Sportanlagen, Reste einstiger Naturräume sowie Flüsse oder Teiche (Abb. 2). Nicht nur deshalb, sondern auch weil in der technisch errichteten, kompakten abiotischen Umwelt der Städte Produzenten, Konsumenten sowie Destruenten vorhanden sind und weil es energetische und stoffliche Außenbeziehungen gibt, stellen Städte Ökosysteme dar (S. 36, Abb. 2). Doch die vom Menschen in Gang gehaltenen **urban-industriellen Ökoysteme** weisen als künstliche Ökosysteme große Besonderheiten auf.

In Städten benötigt der Mensch mehr Energie und Stoffe, als in der Stadt selbst zur Verfügung stehen. So werden Brennstoffe, Elektroenergie oder Wasser vom Menschen aus dem Umland herangebracht. Es wird an Nahrungsmitteln mehr konsumiert, als selbst produziert werden kann. Andererseits produzieren die Menschen mehr Industrieerzeugnisse als in der Stadt selbst benötigt werden. Aufgrund von **Überbauung, Versiegelung** (Abb. 3) und **Verdichtung** der Fläche sowie durch die Produktion großer Mengen von Stoffen, die auf natürliche Weise nicht abgebaut werden können, müssen Abfälle wieder ins Umland gebracht werden. Ein hoher Ausstoß an Emissionen und Lärm ist charakteristisch. Es bildet sich ein besonderes **Stadtklima** aus (Abb. 4).

Klimamerkmal	Unterschied zum Umland
Einstrahlung	–20 %
Sonnenschein	–5 bis –15 %
Jahrestemperatur	+0,5 bis +2 K
Jahresniederschlag	+5 bis +10 %
Schneefall	–5 bis –10 %
Jahresverdunstung	–30 bis –60 %
Windgeschwindigkeit	–20 bis –30 %

4 Eine Reihe von Merkmalen des Stadtklimas ist auf die gas- und staubförmigen Emissionen des Straßenverkehrs, der Industrie und der Heizungsanlagen zurückzuführen. Einfallende Sonnenstrahlung wird von Häuserwänden und versiegelten Flächen mehrfach reflektiert.

1 Neben Insekten und wenigen größeren Säugetieren (Marder) besiedeln vor allem Vögel die Städte. Tauben werden – wie Ratten – oft zur Plage.

2 Aufgrund des spezifischen Charakters einzelner Teile einer Stadt sind mehrere Typen von Ökosystemen vorhanden.

3 Die Flächenversiegelung verhindert das Eindringen von Wasser in den Boden. Dadurch kann auch nur eine geringe Menge von Wasser verdunsten.

2.3 Beeinflussung, Gefährdung und Schutz von Ökosystemen

1 Die von der Landwirtschaft geschaffenen Agroökosysteme gehören zu den naturnahen Ökosystemen. Sie entstanden seit der Jungsteinzeit aus Waldökosystemen.

Um seine Existenz zu sichern und sein Leben zu gestalten, muss der Mensch der Natur ständig Stoffe und Energie entnehmen und umgekehrt Stoffe und Energie an sie abgeben. Von diesem **Stoff- und Energiewechsel** mit der Natur sind folglich auch Ökosysteme betroffen. Der Mensch nutzt sie und verändert sie dabei.

Die Veränderung von Ökosystemen durch den Menschen erfolgt durch alle Wirtschafts- und Lebensbereiche, unabhängig davon, ob sich der Einzelne dessen bewusst ist oder nicht. Sie geschieht besonders durch die **Nutzung** in der Landwirtschaft (Abb. 1), durch Bergbau und Industrie (Abb. 2), Errichtung von Siedlungen, Verkehrswesen, Freizeitverhalten der Menschen (Abb. 3), aber auch durch vom Menschen ausgelöste Umweltkatastrophen. Die **Beeinflussung von Ökosystemen** ist so alt wie die Art Mensch. Zum Problem für seine Umwelt und für ihn selbst ist sie jedoch erst in der jüngsten Geschichte geworden (s. S. 48).

2 Auch durch die Gewinnung von Bodenschätzen, wie hier beim Abbau von Eisenerz in der Steiermark, werden Ökosysteme auf beträchtlichen Arealen beseitigt.

Aus natürlichen Ökosystemen werden bestenfalls naturnahe, oft auch naturferne oder künstliche Ökosysteme (s. S. 19). Nicht selten werden Ökosysteme durch die Nutzung und die Entnahme von Stoffen in ihrem Fortbestand gefährdet oder völlig zerstört. Zur **Gefährdung** oder gar **Zerstörung** von Ökosystemen führt die Beeinflussung immer dann, wenn der Natur eine Regeneration nicht ermöglicht wird.

Die vielfältigen Einwirkungen des Menschen auf Ökosysteme werden als direkte und als indirekte Einflussnahme zusammengefasst.

Zur **direkten Einflussnahme,** die oft zur Zerstörung oder zur Umwandlung natürlicher Lebensräume und der entsprechenden Ökosysteme führt, gehören die Rodung von Wäldern, die Entwässerung von Feuchtgebieten, die Überweidung, die Rohstoffgewinnung sowie Versiegelung und Überbauung.

3 Menschen stören Seehunde auch durch Annäherung. Diese werden zu häufigem Robben gezwungen, was zu Hautkrankheiten oder Nabelentzündungen führt.

Die **Rodung von Wäldern,** oft als Kahlschlag ausgeführt, hat riesige Ausmaße angenommen. Während die Wälder Mittel- und Südeuropas bereits in den vergangenen Jahrhunderten beseitigt wurden, werden gegenwärtig neben den Nadelwäldern des Nordens z. B. 14 Millionen Hektar tropischer Regenwälder, die eine überaus große Bedeutung für das Klima auf der Erde und die Erhaltung der Artenvielfalt haben, abgeholzt. Die Rodungen erfolgten und erfolgen, um Holz und Flächen für Ackerbau, Weiden, Siedlungen sowie für Industrie- und Verkehrsbauten zu gewinnen.

Die Waldflächen sind weltweit dramatisch zurückgegangen, in Deutschland auf ca. 30 % der Landesfläche. Verbunden damit ist der Verlust von Arten. Etwa zwei Drittel der in Europa und Nordamerika als ausgestorben, gefährdet oder selten geltenden Arten sind auf die Waldrodung zurückzuführen. Denn infolge der Waldrodung entwickelt sich meist nur eine artenärmere Vegetation und die Bodenerosion wird beschleunigt. Es ist daher eine der zentralen Aufgaben, der Abholzung der tropischen Regenwälder Einhalt zu gebieten, die Forsten als nachhaltige nachwachsende Rohstoffquelle zukunftsorientiert zu bewirtschaften (Abb. 1) und weltweit Aufforstungen vorzunehmen.

1 In den Kiefernmonokulturen Brandenburgs wird der Umbau des Waldes zu Mischwäldern bereits praktiziert: Der Wald wird gelichtet und Laubbäume werden gepflanzt.

Die **Entwässerung** diente der Gewinnung von Nutzflächen. Infolge des Wasserentzugs wird vor allem Feuchtigkeit liebenden Arten die Lebensgrundlage entzogen. Deshalb sind in unserem Raum z. B. *Lurche* in ihrem Bestand gefährdet (Abb. 2). Wo es möglich ist, sollte eine Renaturierung solcher Flächen, z. B. ehemaliger Feuchtgebiete und noch vorhandener, aber trockengelegter Moore, erfolgen.

2 Feuchtgebiete sind als Lebensraum für Lurche eine wichtige Nahrungsgrundlage für den Weißstorch. Ihre Entwässerung ist eine Ursache auch für seinen Rückgang.

Die **Überweidung** ist eine Form der Übernutzung von Ökosystemen (Abb. 3). Es wird mehr Vieh (Rinder, Ziegen, Schafe) auf Weideflächen getrieben, als für deren Erhaltung zulässig wäre. Überweidung führt meist zur Vernichtung bestimmter Arten und in Trockengebieten auch zur unumkehrbaren Abtragung der dünnen Bodendecke durch Wind. Damit wird das Ökosystem der Grasländer vernichtet. Besonders an Hängen werden Grasnarbe und Boden durch Viehtritt geschädigt. Bei Waldweide können Bäume durch Verbiss ihre normale Baumform nicht erreichen (S. 44, Abb. 1).

Bei der **Rohstoffgewinnung** durch den Bergbau erfolgt nicht selten eine völlige Beseitigung von Ökosystemen. Das trifft auch auf die Entnahme von TOM zu (Abb. 4).

4 Abbau von Torf führt zur Zerstörung des Ökosystems Moor. Er wird noch heute in Niedersachsen (Goldenstedt, Elisabethfehn) betrieben, obwohl nur noch geringe Vorräte vorhanden sind. Früher wurde Torf sogar in Kraftwerken verheizt, heute gelangt er vor allem in Großgärtnereien.

3 Häufig gilt noch immer die Anzahl der gehaltenen Tiere, nicht der Ertrag als Maßstab für „Reichtum“. Nicht nur in der Nähe von Brunnen gibt es oft kein Gras mehr.

1 Diese Fläche in der nördlichen Türkei zählt zum Wald. Die Bäume sind Eichen und Wacholder. Sie konnten wegen der Waldweide ihre Baumform nicht entfalten.

Solche direkten Eingriffe führen oft zur Aufsplitterung eines einst vorhandenen Mosaiks von natürlichen Ökosystemen. Das kann dazu führen, dass die verbleibenden Reste zu klein sind, damit bestimmte Arten überleben können. Eine wichtige Aufgabe des Umwelt- und Naturschutzes besteht deshalb darin, die **Vernetzung** solcher Rest-Ökosysteme zu fördern. Dies wird gegenwärtig durch die Flora-Fauna-Habitat-Richtlinie versucht. Mit ihr sollen gefährdete Arten durch die Erhaltung ihrer oft großflächigen Lebensräume geschützt werden.

Zu den **indirekten Einflüssen** auf Ökosysteme gehören u. a. die Veränderung eng begrenzter Lebensbedingungen von Organismen, die Züchtung, das Einschleppen von fremden Arten und die Vernichtung einzelner Arten.

Lebewesen können nur unter relativ **eng begrenzten Bedingungen** existieren. Dazu zählen u. a. die Temperatur- und Lichtverhältnisse, ein bestimmtes Maß an Feuchtigkeit sowie auch die Art und Konzentration von Stoffen im Boden, im Wasser oder in der Luft. Diese Bedingungen werden derzeit durch menschliche Tätigkeit gravierend verändert. So werden Tausende chemische Verbindungen produziert, z. B. für die Bekämpfung von Schädlingen, zur Herstellung von Waschmitteln und Kosmetika sowie Farben und Klebstoffe, die in der Natur bisher nicht vorkamen. Viele davon gelangen in die Umwelt (den Biotop von Ökosystemen) und belasten bzw. schädigen direkt (Giftstoffe) oder indirekt Organismen.

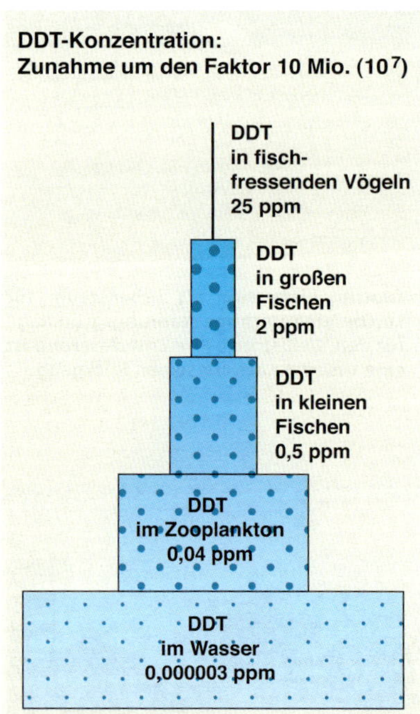

2 DDT baut sich in der Natur nur sehr langsam ab und kann sich so in der Nahrungskette enorm anreichern. Vom Meerwasser über die Erstkonsumenten Zooplankton bis zum Endkonsumenten Fischadler ergab eine Untersuchung in den USA eine Konzentrationszunahme um 10^7!
Doch auch der Mensch steht am Ende von Nahrungsketten.

Schwerwiegende Folgen können auftreten, wenn Schädlingsbekämpfungsmittel jahrelang in der Umwelt überdauern können, mit der Nahrung aufgenommen und in der Nahrungskette weitergegeben werden. Ein typisches Beispiel dafür ist das **DDT** (Dichlordiphenyltrichlorethan), das als Kontakt-, Fraß- und Atemgift weltweit zur Bekämpfung des Kartoffelkäfers, der Anophelesmücke und der Tse-Tse-Fliege, aber auch als Holzschutzmittel eingesetzt wurde (Abb. 2). Mit der Nahrung aufgenommen, verhindert es insbesondere bei den Endkonsumenten *Pinguine*, *Pelikane* und *Greifvögel,* die Einlagerung von Calcium in die Eischale, sodass die Eier beim Brutvorgang zerbrechen. Dies führte zu einem dramatischen Rückgang dieser Arten.

Auf den Menschen wirkt DDT indirekt über die Nahrungskette oder über das Trinkwasser. So sind in Thailand die gesamten Trinkwasservorräte durch DDT bedroht. In Deutschland ist DDT seit 1971 verboten. In anderen Regionen wird es aber nach wie vor eingesetzt.

Die **Freisetzung von Stoffen** ist vor allem dann problematisch, wenn die freigesetzte Menge von den Umweltmedien nicht in einer bestimmten Zeit aufgenommen werden kann und wenn es sich um Stoffe handelt, die in der Natur chemisch-biologisch *nicht oder nur sehr langsam* abgebaut werden können. Oft handelt es sich um Stoffe, die im Unterschied zu den Pestiziden *nicht* mit dem Ziel der Beeinflussung von biotischen Ökosystemelementen hergestellt oder verwendet, aber **in technischen Prozessen** oder Erzeugnissen genutzt werden.

Da solche Stoffe u. a. in Atmosphäre und Hydrosphäre gelangen und weltweit zirkulieren, wirken sie von außen direkt oder über ihre Folgewirkungen auf Ökosysteme ein, verändern die dortigen Lebensbedingungen gravierend und gelangen über die Nahrungskette bis zum Menschen. Dazu gehören u. a. die hormonell aktiven Stoffe **Bisphenol A** und **Bisphenol F,** die z. B. die geistige Entwicklung von Kindern beeinflussen, sowie die **Chlorierten und Polychlorierten Biphenyle (PCB´s)** oder das in Schiffsanstrichstoffen verwendete **Tributylzinn (TBT),** das das Muschelwachstum am Schiffskörper verhindern soll. Solche gefährlichen Dauergifte werden als **POPs** (persistent organic pollutants) bezeichnet.

Erhebliche Auswirkungen auf die natürlichen Stoffkreisläufe haben Landwirtschaft und Gartenbau durch die **Entnahme von Biomasse** bzw. von totem organischem Material (TOM) aus Agroökosystemen (Abb. 1) sowie durch das **Einbringen mineralischen Düngers** (s. S. 17). Anders sind die Verhältnisse beim ökologischen Landbau (Abb. 3).

Die **Züchtung** von Nutzpflanzen und -tieren hat ebenfalls zu weitreichenden Veränderungen von Ökosystemen geführt. So werden auf riesigen Flächen nur wenige Kulturpflanzen angebaut. Oft dominiert nur noch eine einzige Art oder gar Sorte (Abb. 2). Die Artenverarmung bei „grünen Pflanzen" hat Folgen für die gesamte Kette der Konsumenten, die auf Artenvielfalt angewiesen sind.

1 Die Zuckerrübenberge verdeutlichen, welche Massen an Erntegut und damit auch an Stoffen, die dem Boden entnommen wurden, aus Agroökosystemen entfernt werden.

2 Der Anbau von Hochleistungssorten von Kartoffeln für den USA-Markt hat dazu geführt, dass in Peru frostbeständige Sorten zurückgedrängt wurden.

3 Ökologischer Landbau setzt weder mineralischen Dünger noch chemische Pflanzenschutz- und Unkrautvertilgungsmittel ein. Er führt zu räumlich kleinen Stoffkreisläufen (s. S. 18) und hat einen höheren Arbeitskräftebedarf. Das ganze Dorf Brodowin arbeitet ökologisch.

1 Bäume beleben das Stadtbild und können in der Vegetationsperiode das Stadtklima verbessern. Doch wie viel Fläche bleibt einem Baum gegenüber einem Auto?

2 Der Schutz noch weitgehend natürlicher Ökosysteme ist der beste Artenschutz, denn hier finden auch bedrohte Arten die erforderlichen Lebensbedingungen.

Ebenfalls schwerwiegende Folgen kann das **Einschleppen** oder gar das bewusste **Einführen von Arten** durch den Menschen in Ökosysteme haben. Solche Arten vermehren sich unter ihren neuen Lebensbedingungen, in denen sie nicht in eine Nahrungskette eingebaut sind und folglich nicht konsumiert werden, manchmal geradezu explosionsartig. Sie richten – insbesondere auf Inseln, auf denen sich Arten isoliert entwickelt hatten, oder in Binnenmeeren – schwere Schäden an. Sie verhindern das Gedeihen einheimischer Arten und zerstören folglich die Gleichgewichte in den vorhandenen Ökosystemen.

So wurde im 19. Jahrhundert die *Reblaus*, die in Nordamerika auf wildem Wein lebte, nach Europa eingeschleppt und ruinierte nahezu den gesamten Weinanbau.

Nach Australien wurden 1862 zwölf europäische *Wildkaninchen* eingeführt. Sie brachten es bis zur Wende zum 20. Jh. auf einen Bestand von etwa einer Milliarde, zerstörten die Pflanzendecke und lösten heftige Bodenerosionsprozesse aus. Derzeit gibt es eine ähnliche Situation auf einigen Galapagosinseln, wo durch die Nachkommen der ursprünglich drei ausgesetzten *Ziegen* eine regelrechte Plage entstanden ist.

Ab 1920 überwucherten im Nordosten Australiens zwei eingeführte *Kakteenarten* 24 Millionen Hektar Weide- und Ackerland und zerstörten die dort eingerichteten Agroökosysteme weitgehend. Den ebenfalls nach Australien eingeführten *Rindern* musste man die für die Zersetzung ihrer Exkremente erforderlichen Destruenten (Fliegen) nachfolgen lassen, um die Weiden erhalten zu können.

Da gegenwärtig Reiseverkehr und Warentransporte stark zugenommen haben und daher ähnliche Gefahren bestehen, haben viele Länder strenge Einfuhrbestimmungen erlassen.

Aufgrund ihrer Einbindung in Nahrungsnetze besitzen oft *einzelne* Arten von Pflanzen und Tieren entscheidende Bedeutung für die Erhaltung *ganzer* Ökosysteme. Daher kann die Stabilität von Ökosystemen schon allein durch die **Vernichtung** *einer* **einzelnen Art** gestört werden. Dies kann durch die Anwendung von Pestiziden ebenso geschehen wie durch die übertriebene Grundstückspflege in Siedlungen oder die **Überfischung der Weltmeere.** Werden z. B. zu viele *Heringe* gefangen, ist nicht nur ihr eigener Fortbestand gefährdet, sondern auch der von Raubfischen, Robben und Raubwalen (S. 34, Abb. 2). Umgekehrt kann die Vernichtung von Endkonsumenten zu einer die Produzenten schädigenden Vermehrung von Konsumenten 1. Ordnung kommen. So ist die Ausrottung der *Wölfe* in Mitteleuropa eine Ursache für die starke Entwicklung des einheimischen Rehwildes.

Die Auswirkungen der menschlichen Tätigkeit auf Ökosysteme sind teilweise noch gar nicht bekannt. Sie sind oft auch nicht unmittelbar erkennbar. Langfristig können jedoch weltweit verheerende Folgen eintreten, wie es beispielsweise am sauren Regen, am Sommersmog, an der Ausdünnung des stratosphärischen Ozons und am anthropogenen Treibhauseffekt sichtbar geworden ist.

Der **Schutz der Ökosysteme** erfordert ein ökologisches Wirtschaften und Leben, das die Zusammenhänge innerhalb von Ökosystemen und nach außen beachtet, auf nationaler und auf internationaler Ebene.

Es hat sich die Erkenntnis durchgesetzt, dass es zur Erhaltung der Lebensgrundlagen der Menschen erforderlich ist, ökologische, ökonomische und soziale Ziele nicht mehr als Gegensätze zu betrachten, sondern in ihrer Einheit zu sehen. Insbesondere geht es dabei um die Erhaltung der natürlichen und gesellschaftlichen Produktionssysteme sowie um die Überwindung des Reichtumsgefälles zwischen Nord und Süd. In diesem Zusammenhang muss auch zwischen Wachstum und Entwicklung unterschieden werden. Doch von diesen Erkenntnissen bis zu ihrer Verwirklichung ist es noch weit.

Der Schutz von Ökosystemen erfordert u. a. den Übergang zu einer ökologisch orientierten Wald- und Landwirtschaft (S. 45, Abb. 3), die Vermeidung bzw. Verringerung der Abgabe von Schadstoffen an die Umwelt und die Entwicklung einer Kreislaufwirtschaft, die Eindämmung der weiteren Vernichtung oder Überbauung von Lebensräumen (S. 46, Abb. 1), die Erhaltung der Artenvielfalt (Abb. 1 u. 2) und die Unterschutzstellung noch weitgehend natürlicher Ökosysteme.

Die Vermeidung bzw. **Verringerung des Schadstoffausstoßes** – auch aus Kraftfahrzeugen – an die Umwelt ist für die Erhaltung der abiotischen Lebensbedingungen, die Stabilität von Ökosystemen und auch für die Gesundheit des Menschen entscheidend.

Die **Erhaltung der Artenvielfalt** als Voraussetzung für die Stabilität von Ökosystemen zum Nutzen des Menschen (u. a. Nahrungsgrundlage, Gewinnung von Heilstoffen) erfordert insbesondere den Schutz gefährdeter Arten. Die **Rote Liste** allein der gefährdeten Pflanzen zeigt, dass auch in Deutschland eine überraschend große Anzahl von Arten gefährdet oder gar vom Aussterben bedroht ist. Für den Artenschutz ist der **Schutz** noch weitgehend **natürlicher Ökosysteme** und ihre vorsorgliche Entwicklung eine sehr wichtige Voraussetzung (S. 46, Abb. 2). Als besonders wirksam, vor allem gegenüber dem **Schutz von Einzelobjekten,** hat sich die Einrichtung von **Großschutzgebieten** erwiesen (Abb. 3).

1 Solche weitgehend von Feldrainen, Hecken oder Gehölzen „befreite" Ackerflächen bieten wenig differenzierte Lebensbedingungen für Organismenarten.

2 Diese Landschaft wird sehr verschieden genutzt. Es sind unterschiedliche Ökosysteme vorhanden, die differenzierte Lebensräume für viele Arten bieten.

3 In Deutschland gehören zu den Großschutzgebieten Nationalparke, Biosphärenreservate und Naturparke. Sie haben eine Fläche von 1 000 bis über 10 000 ha.

Eingriffe in die innere Struktur und in Außenbeziehungen von Ökosystemen durch den Menschen

Die stofflichen und energetischen Zusammenhänge zwischen den Elementen von Ökosystemen und nach außen (S. 36, Abb. 2) gelten unter natürlichen, von der menschlichen Gesellschaft weitgehend unbeeinflussten Bedingungen. Die ursprünglich geringe Erdbevölkerung war als Konsument höherer Ordnung in den Naturhaushalt integriert. Selbst die Spuren, die die ersten Waldrodungen vor ca. 7 000 Jahren in der Jungsteinzeit in Form von Bodenerosion und Talaufschüttungen in Griechenland hinterließen, waren lokal begrenzt und konnten die Natur insgesamt nicht aus dem Gleichgewicht bringen. Für die Herstellung von Gegenständen wurden ausschließlich natürliche Stoffe verwendet. Holz war oft der einzige Brennstoff.

Doch mit der Ausdehung von Ackerbau und Viehhaltung, der Abholzung der Wälder für Bergbau und Verhüttung von Eisen und Kupfer sowie für den Schiffbau, mit der Entwässerung der Moore, der ständigen Zunahme der Erdbevölkerung und ihrem steigenden Bedarf an Nahrungs-, Gebrauchs- und Luxusgütern, dem Wachstum der Stadtbevölkerung und ihrer zunehmenden Arbeitspendelwanderungen, dem Zuwachs an Freizeit und dem unbegrenzten Fernreiseverkehr, der Nutzung fossiler Brennstoffe, der Anwendung mineralischer Düngemittel und der Herstellung „künstlicher“ Stoffe greift der Mensch in einem solchen Maße in die natürlichen Ökosysteme ein, dass ihre Regeneration teilweise nicht mehr möglich ist, regional Naturkatastrophen ausgelöst werden und der globale Naturhaushalt insgesamt in Gefahr gerät (Abb. 1).

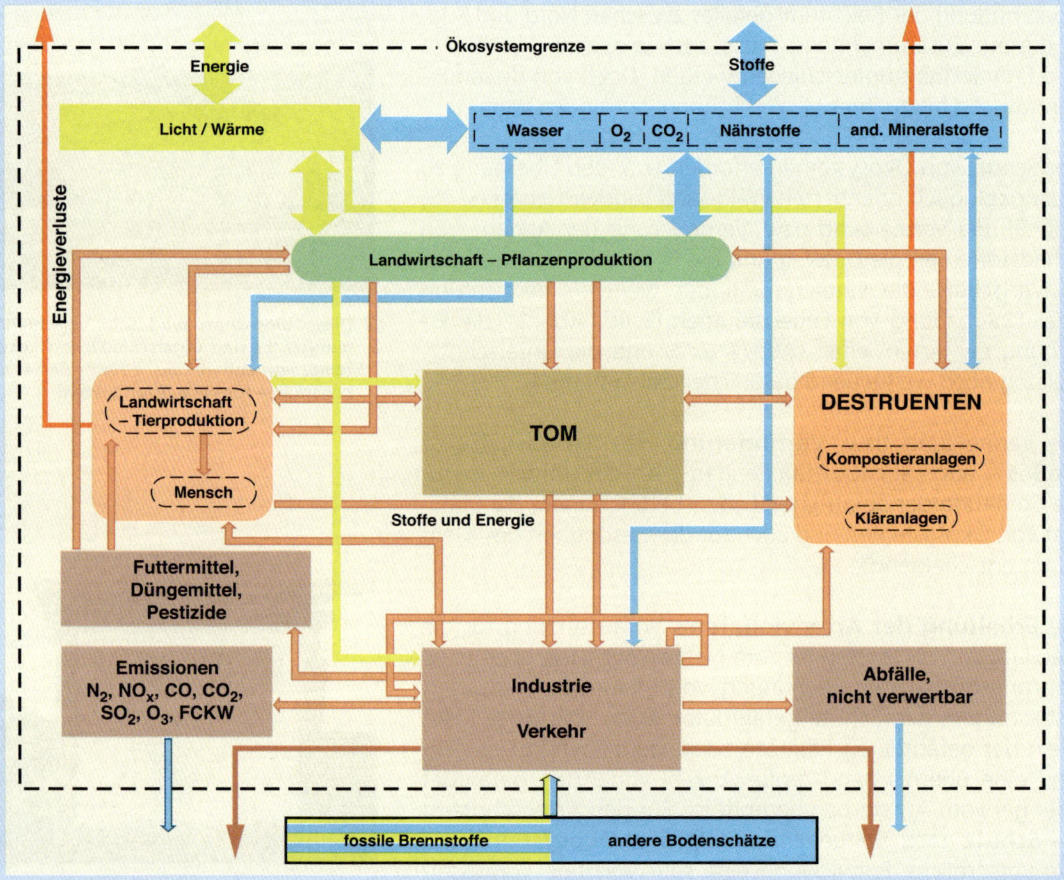

1 Gegenüber den natürlichen weisen die heutigen Ökosysteme weitere Systemelemente und Wechselbeziehungen auf. Diese sind in Wirklichkeit noch viel komplizierter, als sie hier allgemein dargestellt werden können.

2.4 Aufgaben

Ökosysteme und Wechselbeziehungen im Innern und nach außen

1. Ökosysteme besitzen eine **innere Struktur** und haben **Außenbeziehungen.**
   a) Erläutere diese Aussage am Beispiel eines Aquariums!
   b) Definiere den Begriff „Ökosystem"!
   c) Weshalb kann das Aquarium als Modell für ein natürliches Ökosystem gelten?
   d) Welche Gemeinsamkeiten und Unterschiede bestehen zwischen dem Modell Aquarium und einem ihm entsprechenden natürlichen Ökosystem?

2. Für jedes Ökosystem sind vielfältige **Wechselwirkungen** zwischen den Strukturelementen kennzeichnend.
   a) Welche drei Arten von Wechselwirkungen innerhalb eines Ökosystems sind zu unterscheiden?
   b) Nenne und erläutere Beispiele für Wechselwirkungen **zwischen abiotischen Ökosystemelementen!**
   Welche Bedeutung haben diese Wechselwirkungen für die Erhaltung des Ökosystems?
   c) Nenne und erläutere Beispiele für Wechselwirkungen **zwischen biotischen und abiotischen Ökosystemelementen!**
   Gehe dabei auf die autotrophe und die heterotrophe Ernährung ein!
   d) Nenne und erläutere Beispiele für Wechselwirkungen **zwischen biotischen Ökosystemelementen!**
   Benutze dabei die Begriffe „Produzenten", „Konsumenten" und „Destruenten"!
   Welche Auswirkungen haben diese Wechselwirkungen auf das Ökosystem?
   Stelle die Beziehungen zwischen den Arten einer Biozönose als Zeichnung oder Schema dar!

3. Ökosysteme sind ohne **Außenbeziehungen** nicht funktionsfähig.
   a) Erläutere die Arten von Außenbeziehungen und ihre Notwendigkeit für das Funktionieren von Ökosystemen!
   b) Wie werden diese Außenbeziehungen bei künstlichen Ökosystemen (Aquarium, Tropenhaus, Treibhaus, Rinderstall) gestaltet?
   c) Weise die **Kopplung von inneren und äußeren Wechselbeziehungen** in Ökosystemen anhand des Kohlenstoff- und des Stickstoffkreislaufs sowie des Energieflusses nach!
   Fertige dazu ein Schema an!
   d) Warum wird bei den Stoffen von Kreisläufen, bei Energie jedoch vom Fluss gesprochen?

4. Alle Ökosysteme besitzen abiotische und biotische Elemente sowie Wechselbeziehungen im Innern und nach außen.
   a) Wodurch unterscheiden sich Ökosysteme dennoch voneinander?
   b) Erläutere, weshalb Veränderungen von Ökosystemen – ganz gleich, ob durch natürliche oder vom Menschen ausgelöste Ereignisse – oft durch die Veränderung nur eines Systemelements oder einer Wechselbeziehung ausgelöst werden!

5. Ökosysteme werden oft mit sehr stark verallgemeinerten Bezeichnungen wie „Wald", „See " oder „Grasland" bezeichnet.
   Weise nach, dass es ein „Ökosystem Wald" nicht geben kann!
   Nutze dazu das Foto und wende dein Wissen über die Wälder der Erde an!

6. Ökosysteme und ihre Ökotope gehören zusammen. Dennoch dürfen diese beiden Begriffe nicht verwechselt werden.
   Erläutere die Begriffe „Ökosystem" und „Ökotop" im Zusammenhang!
   Hebe die Unterschiede hervor!

Beziehungen in einem Biotop

7. Organismen können nur dort leben, wo die **Lebensbedingungen** ihren Ansprüchen entsprechen.
   a) Nenne und erläutere abiotische Faktoren (Ökosystemelemente), die für Pflanzen von Bedeutung sind!
   b) Stelle am Beispiel der Eiche oder einer anderen Baumart die für ihre Existenz bedeutsamen abiotischen Faktoren schematisch dar!
   c) Prüfe, welche Faktoren durch den Menschen positiv oder negativ beeinflusst werden können!
   d) Welche Faktoren könnten den Zustand dieses Waldes (Foto) verursacht haben?
   e) Stelle eine Vermutung auf und untersetze sie durch eine Beweisführung!

8. Besondere Wirkungen auf Pflanzen gehen von den abiotischen Faktoren **Temperaturen, Niederschläge, Lichtverhältnisse, Luftbewegungen** und **Luftbelastung** aus. Untersuche die Wirkung dieser abiotischen Faktoren an unterschiedlichen Pflanzen!
   a) Informiere dich in Nachschlagewerken über die grundsätzlichen Wirkungen der genannten Faktoren!
   b) Entwickle ein Konzept für die Untersuchung der Wirkung einiger Faktoren in einem selbst ausgesuchten Gebiet!
   c) Führe die Untersuchung – evtl. auch über längere Zeit – durch und halte die Ergebnisse auf verschiedene Weise (Messen, Kartieren, Fotografieren ...) fest!
   d) Werte die Untersuchungsergebnisse aus und stelle sie zur Diskussion!

9. Im Zusammenhang mit den abiotischen Faktoren stehen die Begriffe „ökologische Potenz", „Toleranzbereich" und „Zeigerarten".
   a) Was versteht man unter ökologischer Potenz und unter Toleranzbereich?
   b) Erkläre, weshalb manche Pflanzen als Zeigerarten geeignet sind, andere nicht!
   c) Bestimme die abgebildeten Pflanzen und ihre Funktion als Zeigerpflanzen!

10. Tiere sind als Konsumenten in besonderem Maße auf biotische Lebensbedingungen angewiesen. Dennoch sind sie von den abiotischen nicht unabhängig.
    a) Erkläre diesen Sachverhalt an konkreten Beispielen!
    Beachte dabei die engen Zusammenhänge zwischen biotischen und abiotischen Faktoren!
    b) Wie kann der Mensch gefährdeten Arten helfen, die erforderlichen abiotischen Verhältnisse vorzufinden?

11. Welche Art von Konkurrenz liegt in der abgebildeten Halbwüste wahrscheinlich vor? Fertige eine Profilzeichnung an, die deine Vermutung verdeutlichen kann!

Untersuchungen in einem ausgewählten Ökosystem

12. Für die Untersuchung eines ausgewählten Ökosystems sind einige Vorbereitungen erforderlich bzw. sinnvoll.
    a) Wähle ein Gebiet aus, dessen Ökosystem du untersuchen willst!
    b) Verschaffe dir einen Überblick über die geografische und die historische Entwicklung sowie über Nutzungen des Ökosystems und seines Umfeldes!
    Nutze dazu u. a. Kartenmaterial, Literatur und Interviews, z. B. mit Fischern, Förstern, Landwirten oder Heimatforschern!

13. Besonderheiten eines Ökosystems sind in hohem Maße von den Eigenschaften der abiotischen Ökosystemelemente abhängig.
    a) Fertige eine Liste der zu untersuchenden abiotischen Elemente an!
    b) Welche Methoden und Verfahren sind geeignet, um diese Erkundungen durchzuführen?

14. Ermittle **Temperatur** und **Sauerstoffgehalt** von Wasser eines aquatischen Ökosystems!
    Vorbereitung:
    Bereite als Materialien eine meyersche Schöpfflasche (s. Foto), ein Temperatur- und Sauerstoffmessgerät, evtl. ein Thermometer zum Einkleben in die Schöpfflasche sowie Bechergläser vor!

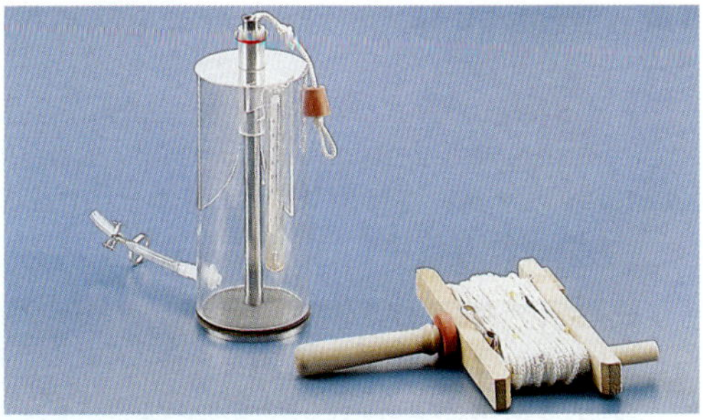

Durchführung:
a) Lege in einem Gewässer Punkte fest, an denen Wasser entnommen werden soll!
b) Entnimm Wasser und lies vom eingeklebten Thermometer die Temperatur ab!
c) Miss mit dem Messgerät Temperatur- und Sauerstoffgehalt!
Fülle dazu Wasser möglichst vom Boden her in ein Becherglas und lass es überlaufen, damit Wasser, das mit der Luft in Berührung gekommen war, die Ergebnisse nicht verfälschen kann!

Auswertung:
Registriere die Werte für Temperatur und Sauerstoffgehalt der einzelnen Messpunkte und formuliere Zusammenhänge!

15. Untersuche den **pH-Wert** von verschiedenen Bodenproben!
    Vorbereitung:
    Lege folgende Materialien zurecht: Spezialindikatorstäbchen oder Czensny-Colorimeter oder pH-Messgerät, Bodenproben, destilliertes Wasser, Reagenzgläser bzw. Erlenmeyerkolben!

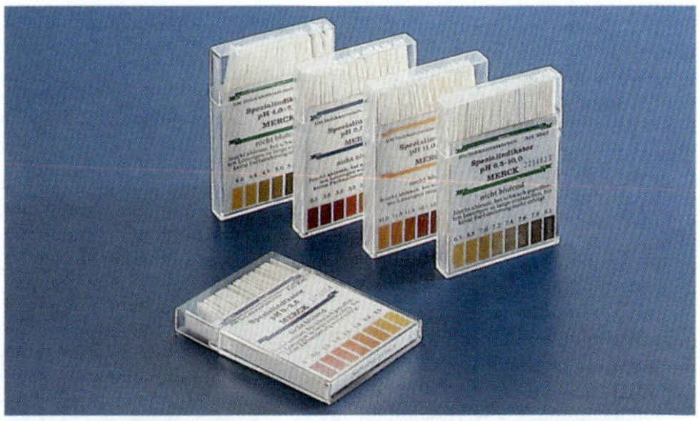

Durchführung:
a) Mische Proben des A-Horizonts jeweils verschiedener Standorte und lass diese an der Luft trocknen!
b) Gib 25 g trockenen Boden in je einen Erlenmeyerkolben, fülle diese mit 50 ml destilliertem Wasser auf und schüttle kräftig!
c) Ermittle die pH-Werte nach der jeweiligen Vorschrift für die Geräte bzw. Verfahren!

Auswertung:
Stelle Zusammenhänge zwischen den ermittelten pH-Werten, den Bodenstandorten und Auswirkungen auf biotische Ökosystemelemente heraus!

16. Analysiere das Ökosystem hinsichtlich seiner **Biozönose!**
    a) Informiere dich über Hilfsmittel für die Erkundung der Biozönose (z. B. Bestimmungsbücher, Lupe, Fanggeräte)!
    Was ist bei der Handhabung dieser Hilfsmittel zu beachten?

b) Verschaffe dir zunächst eine Übersicht über die Struktur der Biozönose (z. B. Schichtung in einem Waldökosystem, in einer Hecke; Zonierung eines Gewässers)! Fertige dazu eine Skizze an!
c) Erkunde den Artenbestand an Pflanzen und Tieren, registriere die Ergebnisse in geeigneten Formen (z. B. Tabellen, Skizzen, Anlegen eines Herbariums, Fotos)!

Beeinflussung und Gefährdung von Ökosystemen durch den Menschen

17. Die Menschen können Ökosysteme auf sehr verschiedene Weise nutzen, beeinflussen und gefährden.
    a) Welche Unterschiede und Zusammenhänge bestehen zwischen Nutzung, Beeinflussung und Gefährdung von Ökosystemen?
    b) Stelle vielfältige Möglichkeiten von Nutzung, Beeinflussung und Gefährdung von Ökosystemen zusammen!
    Nutze dazu auch das Bild!

    c) Nenne und erläutere Gefährdungen mit **globalem Charakter!**
    Weshalb bedürfen sie besonderer Erforschung?

18. Prüfe an einem ausgewählten Ökosystem deiner Umgebung, durch welche Einwirkungen von außen (z. B. Eintrag von Stoffen, beabsichtigte Baumaßnahmen) die Existenz dieses Ökosystems gefährdet ist!
    Fertige dazu ein Gutachten an!
    Welche Maßnahmen wären geeignet, um Gefahren für das Ökosystem abzuwenden?
    Unterbreite den zuständigen Stellen und nichtstaatlichen Organisationen entsprechende Vorschläge!
    Wenn möglich, wirke bei der Umsetzung dieser Vorschläge mit!

19. **Veränderungen der Artenzusammensetzung** eines Ökosystems geben deutliche Auskunft über Veränderungen des gesamten Systems.
    a) Welche Bedeutung hat die Artenvielfalt für die Erhaltung des Lebens auf der Erde und für die Existenz des Menschen?
    b) Nenne einige natürliche Ursachen, die zum Aussterben von Arten geführt haben und führen!
    c) Nenne Ursachen, die mit Existenz und Tätigkeit des Menschen verbunden sind!
    d) Recherchiere, wo in deiner Umgebung in den letzten Jahrzehnten Veränderungen der Artenzusammensetzung stattgefunden haben und dokumentiere sie!
    e) Berichte über sichere und vermutete Ursachen dafür! Gibt es in diesem Zusammenhang Nutzungskonflikte?
    f) Welche Übereinstimmungen gibt es zwischen deinen Untersuchungsergebnissen und den Roten Listen gefährdeter Arten?
    g) Welche Maßnahmen wären zur **Regeneration** der untersuchten Biozönose erforderlich?

20. Ein wesentlicher Grund für die Gefährdung von Ökosystemen sind die Stoffentnahme und die Stofffreisetzung.
    a) Fertige eine Übersicht über diese Problematik an!
    Differenziere zwischen Nutzung, Gefährdung und Vernichtung von Ökosystemen!
    b) Beschreibe Stoffentzug und Stoffzugabe am Beispiel der Landwirtschaft!

21. Beurteile die folgenden Sachverhalte:
150 Flusskilometer sind im sächsischen Erzgebirge von mehr als 200 kleinen Wasserkraftanlagen ökologisch bedroht, weil durch Energieerzeugung die natürlichen Flussbetten fast ausgetrocknet sind und Fische kaum eine Lebenschance haben. Kommen einige dennoch zum Laichen, geraten sie in die Turbinen und werden dort zerhäckselt.

Schutz von Ökosystemen

22. Schutz von Ökosystemen erfordert vor allem ökologisches Denken und Handeln in der Wirtschaft wie im persönlichen Leben.
   a) Entwickle eine Übersicht über Möglichkeiten des Schutzes von Ökosystemen und füge jeweils Beispiele an!
   Landwirtschaft, Waldwirtschaft, Bauen, Verkehr, Kreislaufwirtschaft, Haushaltchemikalien könnten Stichworte sein.
   b) Erläutere drei Möglichkeiten ausführlich!
   c) Beurteile in diesem Zusammenhang die Aussage eines Chefs der Deutschen Bahn AG, man werde nur noch das tun, was sich rechnet!

23. In Siedlungen, besonders in Städten, kann ebenfalls vieles zur Erhaltung bzw. **Regeneration** von Ökosystemen getan werden. Werte dazu das Foto aus!

24. Der **Boden** ist Ökosystemelement und Ökosystem zugleich. Er ist weltweit äußerst stark gefährdet, vor allem durch Versiegelung und Überbauung, Erosionsprozesse sowie durch Stoffeinträge.
Werte das folgende Foto hinsichtlich des Bodenschutzes aus!

25. **Flächenschutz,** besonders in Großschutzgebieten, ist ein wirksamerer Ökosystemschutz als der von Einzelobjekten und Arten.
   a) Begründe die getroffene Feststellung!
   b) Fertige eine Übersicht über die Kategorien des Flächenschutzes und ihre Inhalte an!
   c) Fertige eine Kartenskizze zu Schutzgebieten in deinem Bundesland an!
   d) Welche Besonderheiten weisen geschützte Flächen in deiner Umgebung auf?
   Ist den Bewohnern bekannt, dass diese Flächen geschützt sind?
   Was wird zum Schutz der Flächen durch die Behörden und die Bevölkerung getan?

26. Schutz von Ökosystemen erfordert nicht nur das Handeln bzw. das Unterlassen von Handlungen der Menschen am Wohn- und Arbeitsort und in der Region, sondern auch weltweit. Dazu ist eine internationale Zusammenarbeit unumgänglich.
   a) Kennzeichne Ziele und tatsächliche Ergebnisse der internationalen Zusammenarbeit auf staatlicher und nichtstaatlicher Ebene!
   b) Erläutere den Zusammenhang zwischen **globalem Umweltschutz** und dem Inhalt des unteren Fotos!

Ökoregionen – Quellen der Vielfalt

Ökoregionen sind große Ausschnitte aus der Umwelt. Sie bieten sehr verschiedene Lebensbedingungen und beherbergen daher unterschiedlichste Arten von Organismen. Sie sind Quellen der Lebensvielfalt.

Welche Zusammenhänge bestehen zwischen Ökoregionen, Ökotopen und Ökosystemen?
Warum ist der besondere Schutz bestimmter Ökoregionen für die Erhaltung der Vielfalt des Lebens wesentlich?

Die Vielfalt ist auch geologisch bedingt

Das Leben auf der Erde und seine Vielfalt gehen auch auf astronomische Rahmenbedingungen und auf die differenzierte Ausprägung der nicht lebenden Natur zurück. Dazu gehört auch der Bau der Lithosphäre.

Welche natürlichen Ursachen hat die große Differenziertheit der Ökosphäre der Erde?
Wie veränderten sich die astronomisch-planetarischen Rahmenbedingungen im Verlauf der Erdgeschichte?

Nord und Süd in einem Boot?

Die Erhaltung ökologisch noch intakter Regionen ist für alle Menschen der Erde eine Zukunftssicherung. Doch die Schädigung und Zerstörung ihrer ökologischen Systeme schreitet weiter fort.

Welchen Anteil haben die Menschen des Nordens und des Südens an der Bedrohung von Ökosystemen?
Muss das Bevölkerungswachstum im Süden gestoppt werden, damit die Wirtschaft im Norden weiter wachsen kann?

3.1 Vom Ökotop zur Ökoregion

Einen kleinen kompletten Ausschnitt aus der Umwelt bezeichnet man bei Untersuchungen des Naturhaushalts als **Ökotop.** Er ist eine räumliche Einheit eines Ökosystems (s. S. 37). Ein Ökotop hat wie das in seinem Bereich funktionierende Ökosystem spezielle Merkmale (Abb. 3 bis 5). Er unterscheidet sich durch diese Merkmale von den ihn umgebenden Ökotopen und lässt sich dadurch gegen diese Nachbarökotope räumlich *abgrenzen* (Abb. 1 und 2).

Die räumliche Betrachtungsweise von Ökotopen ergänzt die funktionale Betrachtungsweise von Ökosystemen. Beide bilden eine untrennbare Einheit.

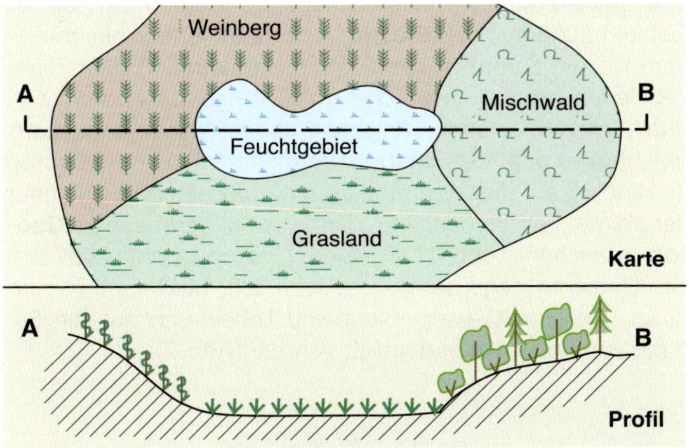

1 Weinberg, Feuchtgebiet, Mischwald und Ackerland sind unterschiedliche Ökotope. Sie unterscheiden sich durch die spezielle Ausprägung ihrer jeweiligen Ökosystemelemente voneinander. Zwischen den Ökotopen bestehen Wechselbeziehungen. So kann vom Weinberg bei starkem Regen Material ins Feuchtgebiet gespült werden.

2 Ökotope sind nicht nur auf Karten (Abb. 1) deutlich voneinander abgegrenzt. Auch in der Wirklichkeit ist ihre Abgrenzung oft gut sichtbar, so auch zwischen Weinberg, Feuchtgebiet und Mischwald.

3 Nur gut an die Trockenheit angepasste Pflanzen und Tiere können in Gebieten, in denen es z. B. acht Jahre lang nicht regnet, überleben. Die Oryx-Antilope überlebt mehrere Wochen ohne zu trinken.

4 Der Mangrovenwald wächst im seichten Meereswasser an flachen tropischen Küsten. Er fällt zeitweise trocken. Die immergrünen Büsche vertragen den hohen Salzgehalt von Wasser und Boden.

5 Wärme und reichliche Niederschläge lassen in diesem Regenwald in den Subtropen eine üppige Vegetation entstehen.

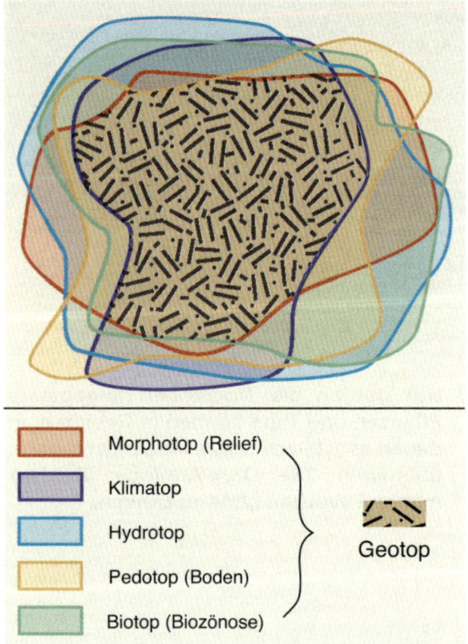

1 Ein Geotop ist ein räumlicher Ausschnitt aus der Geosphäre mit einheitlichen Merkmalen von Gestein, Relief, Boden, Wasser, Klima und Biozönose sowie einheitlichem Stoff- und Energiehaushalt.

2 Die Bildung von Böden geht auf die Grundvorgänge der Bodenbildung zurück. Es sind Verwitterung, Tonbildung und Humusaufbereitung. Dass sich unterschiedliche Bodentypen, z. B. Podsol (links) oder Gley (rechts) bilden, ist das Ergebnis der räumlich unterschiedlichen Ausprägung von Gestein, Relief, Klima, Wasserhaushalt und Biozönose.

Eine feuchte Senke mit einem wasserundurchlässigen lehmigen Boden und ein wasserarmer Hang an einem Berg aus Kalkstein stellen **unterschiedliche Ökotope** dar. Sie unterscheiden sich in vieler Hinsicht. In beiden Ökotopen haben nur bestimmte Pflanzen und Tiere ihre notwendigen Lebensbedingungen, so das Schilf und die Frösche im Feuchtgebiet sowie die Dornensträucher und die Eidechsen am trockenen Hang. Werden Ökotope durch die Menschen verändert, kann es zur Verringerung der Vielfalt der Lebewesen kommen. Eine Entwässerung des Feuchtgebietes führt ebenso zur Veränderung bzw. Vernichtung der natürlichen Fauna und Flora im Ökotop wie das Pflügen, die Terrassierung oder die Bewässerung eines Hanges.

Betrachtet man einen Ökotop vor allem im Hinblick auf die in ihm existierenden Lebewesen (Abb. 3), so wird ein solches Gebiet häufig auch als **Biotop** bezeichnet. Eine Senke mit einem kleinen Sumpf ist dann ein Feuchtbiotop, in dem Pflanzen leben, deren Ansprüche dort befriedigt werden, z. B. durch einen beständig feuchten Boden, durch hohe Luftfeuchtigkeit oder viel Schatten. Betrachtet man einen Ökotop im Hinblick auf die Gesamtheit der natürlichen oder auch nur der abiotischen Verhältnisse, dann wird dieser meist als **Geotop** bezeichnet (Abb. 1). In einem Geotop beeinflussen sich alle Elemente gegenseitig. Das wird z. B. beim Einfluss von Relief, Gestein, Wasser, Klima und Lebewesen auf die Bildung von Bodentypen deutlich sichtbar (Abb. 2).

3 Pflanzen haben ganz bestimmte Ansprüche an ihren Biotop. Von Bedeutung sind dabei auch die Beziehungen zwischen Pflanzenarten.

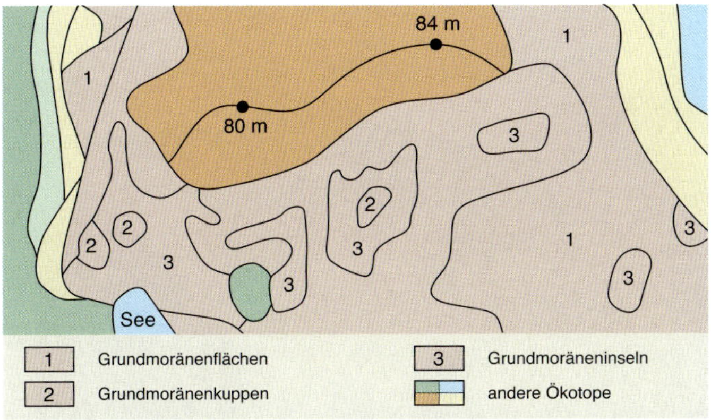

1 Innerhalb von Ökotopen treten jeweils gleiche Merkmale auf. So haben alle Grundmoränenkuppen Decksand über Geschiebemergel, Fahlerde, Schichten-Sickerwasser, Strahlungsgunst und Traubeneichen-Hainbuchen-Linden-Wald.

2 Ein winziger Ökotop mit einem einfachen Kreislauf: Der liegende abgestorbene Baum wird von Bakterien und Pilzen teilweise zersetzt und bietet so den jungen Bäumen eine sichere Nahrungsgrundlage.

Bei ökologischen Untersuchungen sollte der Begriff Ökotop verwendet werden, da er Zusammenhänge zwischen biotischen und abiotischen Ökosystemelementen (S. 36, Abb. 2) betont. Diese müssen besonders im Hinblick auf den Schutz der Natur beachtet werden.

Ein Ökotop ist als ein in sich einheitlicher Lebensraum aufzufassen, der durch jeweils besondere natürliche Faktoren gebildet wird und der von den Menschen mehr oder weniger stark beeinflusst ist.

Ökotope stellen die kleinste räumliche Einheit für ein Ökosystem dar (Abb. 2). Unter dem Ökosystem-Aspekt können jedoch auch größere räumliche Einheiten betrachtet und untersucht werden, bis hin zur Erde insgesamt. Dafür werden unterschiedliche Begriffe benutzt. Mehrere benachbarte Ökotope bilden ein Ökotopgefüge (Abb. 1). Größere räumliche Einheiten werden unter ökologischem Aspekt als Ökoregionen (Abb. 3) und als Ökozonen bezeichnet. Schließlich kann man auch von der Ökosphäre der Erde sprechen.

3 Die Etoschapfanne ist eine riesige Ökoregion in Afrika mit salzreichem Boden.

Einen großen Ausschnitt aus der Umwelt bezeichnet man als eine **Ökoregion.** Auch sie hat, wie ein Ökotop, spezielle Merkmale, unterscheidet sich von anderen Ökoregionen und lässt sich gegen sie abgrenzen.

Die unterschiedlichen natürlichen Bedingungen haben in den Ökoregionen teilweise zu einer einzigartigen Entwicklung des Lebens geführt, deren Ergebnisse erhalten werden müssen. Vielfach bedrohen die Eingriffe durch Industrie, Landwirtschaft und Verkehr die Besonderheiten von Ökoregionen und ihre Artenvielfalt (Abb. 4). Eingriffe des Menschen in Ökoregionen sind oft unvermeidbar, aber oft auch unnötig, zu stark und unüberlegt. Sie haben meist negative Folgen.

4 Die Goldgewinnung, bei der hochgiftiges Quecksilber verwendet wird, gefährdet auch weit entfernt gelegene Gebiete, z. B. das artenreiche Pantanal in Brasilien, das Donaudelta und andere.

Ausgewählte Ökoregionen der Erde

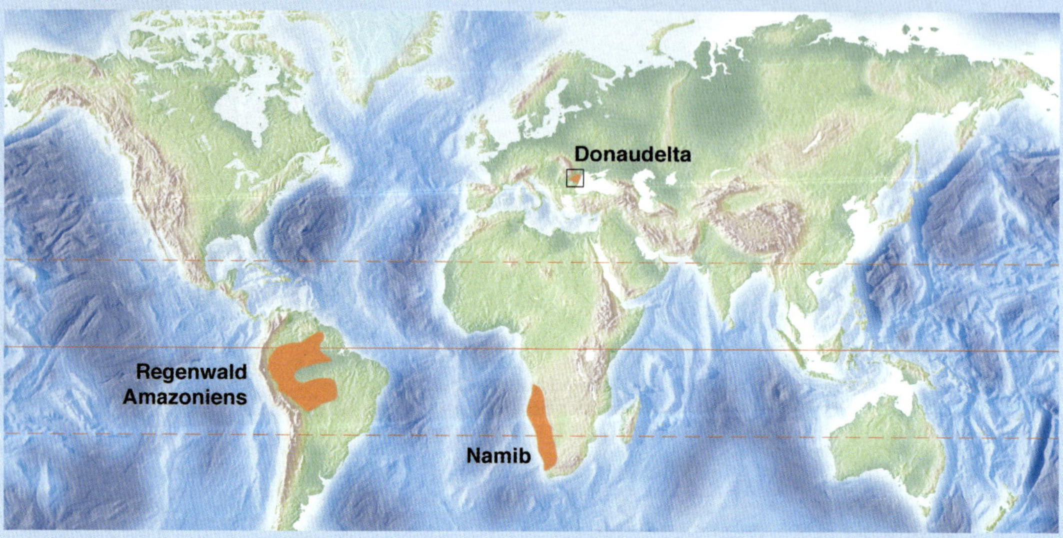

1 Der WWF (World Wide Fund for Nature) hat im Rahmen seiner „Living Planet Campaign" über 200 einzigartige Ökoregionen der Erde zusammengestellt. Zu diesen wertvollen Lebensräumen der Erde gehören die Namib, das Donaudelta und Amazonien.

Die Namib, das Donaudelta und der tropische Regenwald Amazoniens stellen Ökoregionen dar (Abb. 1). Sie weisen sehr unterschiedlichen Charakter auf. Er wird durch die verschiedenartige Ausprägung der Ökosystemelemente und die zwischen ihnen ablaufenden Wechselwirkungen bestimmt.

Die **Namib** ist eine in Namibia gelegene Wüste. Sie erstreckt sich über 3 000 km entlang der Küste zum Südatlantik und ist kaum breiter als 200 km. Der Sand der Dünen wurde aus dem ebenfalls trockenen Inneren des südlichen Afrikas angeweht (Abb. 3).

Im Durchschnitt fallen in der Namib 20 mm und im Binnenland kaum mehr als 100 mm Niederschläge im Jahr. In vielen Gebieten der Namib ist aber über zehn Jahre hinweg kein einziger Tropfen Regen gefallen (S. 59, Abb. 2 und 1).

2 In den Senken können kurzzeitig Seen entstehen, deren Wasser verdunstet, wodurch sich salzige Böden oder starke Salzkrusten bilden.

3 Für große Teile der Wüste Namib sind Dünen charakteristisch. Sie überragen ihre Umgebung um über 300 Meter und gehören zu den höchsten der Welt. Aufgrund ständig wechselnder Winde verlagern sich die Dünen nur unwesentlich.

Sofern es im Landesinneren stärker regnet, fließen teilweise mehrere Meter hohe Wassermassen in die Namib. Die meisten Flüsse und Bäche erreichen aber den Atlantik nicht, ihr Wasser verdunstet und versickert. Die Verdunstung wird durch wolkenloses Wetter begünstigt, das an vielen Tagen herrscht. Entlang den periodischen Wasserläufen können Kameldornbäume lange Trockenperioden überstehen. Ihre Wurzeln fußen oft in unterirdischen Rinnsalen. In Trockenperioden werfen sie ihr Laub ab und reduzieren so die Verdunstung (S. 58, Abb. 3). Eine Vielzahl von trockenen und wie abgestorben wirkenden Flechten haftet oft jahrelang reglos auf Steinen, doch die seltenen Regentropfen können sie innerhalb von Minuten zum Wachstum und zur Vermehrung anregen.

Im Gegensatz zu der oft über 40 °C heißen Wüste ist der von Süden her entlang der Küste fließende Benguelastrom kaum über 15 °C warm. Dies führt zu häufiger Nebelbildung, weshalb man die Namib auch als Nebelwüste bezeichnet. Dieser Nebel trägt zu den einzigartigen Bedingungen für das Leben in der Wüste bei. Einige Pflanzen und Tiere haben sich darauf spezialisiert, ihren Wasserbedarf aus dem Nebel zu decken (Abb. 2 und 3). Wüstenmäuse, Wüstenhasen und selbst die große Oryx-Antilope (S. 55, Abb. 3) können lange Zeit ohne direkte Wasseraufnahme in den trockenen Gebieten leben. Ihnen reicht das Wasser aus, das in ihrer Nahrung vorhanden ist.

Völlig anders sind die Verhältnisse im **Donaudelta,** einem der größten Feuchtgebiete Europas (Abb. 4). Etwa 100 Kilometer vor der Mündung der Donau in das Schwarze Meer spaltet sich der Fluss in drei Hauptarme auf.

4 **Die Ökoregion Donaudelta enthält drei dominierende Typen von Ökotopen: die Gewässer, die Feuchtgebiete (Sümpfe, Schilfinseln) und die Grinde.**

1 **Die Wüsten-Melone diente einst den Buschmännern als eine ihrer Wasserquellen. Sie saugten auch mit Strohhalmen Wasser aus den Ästen bestimmter Sträucher und Bäume.**

2 **Diese Welwitschia ist vermutlich über 1 000 Jahre alt, sie hat sich an das Leben in der Nebelwüste angepasst.**

3 **Dieser Käfer der Namib nutzt den Nebel, um sich mit Wasser zu versorgen. Dazu stellt er sich in einer nebligen Nacht auf den Kopf, um die Tröpfchen von seinem Körper abwärts zu seinem Kopf fließen zu lassen.**

1 Weitverbreitet im Delta ist das bis 4 m hohe Schilf. Aber es wachsen auch andere wasserliebende Pflanzen. 300 Vogelarten (u. a. Pelikane) sowie ungefähr 100 Fischarten, aber auch Fischotter, Nerze und Wildschweine leben hier.

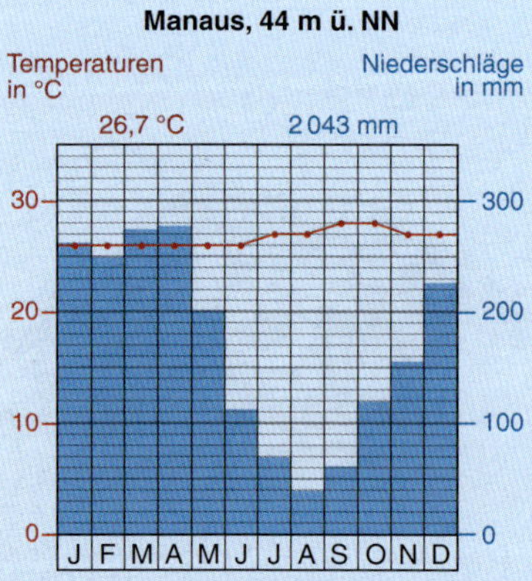

2 In Manaus liegen die Temperaturen fast konstant zwischen 25 und 30 °C.

3 Das Äußere des Regenwaldes ist durch große Artenvielfalt gekennzeichnet.

Die Donau fließt hier nur noch sehr langsam und lagert die mitgeführten Schwebstoffe ab. Diese Ablagerungen bilden Strombänke (Grinde) und führen zu Laufverlagerungen. Es entwickelt sich ein weitverzweigtes Netz von Flussarmen, das ergänzt wird durch viele flache Seen – ein Delta.

Tausende Flussarme, Seen, Tümpel, Sümpfe und aus Pflanzen – vor allem aus Schilf – bestehende schwimmende Inseln breiten sich über ein riesiges Gebiet aus, das nur an wenigen Stellen höher als drei Meter über dem Meeresniveau liegt und häufig überschwemmt wird. Dies bietet bestimmten Pflanzen und Tieren hervorragende Lebensbedingungen (Abb. 1).

Der **tropische Regenwald Amazoniens** war über viele Jahrhunderte ein intaktes Ökosystem (Abb. 4). Bei entsprechendem Klima (Abb. 2) entwickelte sich eine immergrüne Vegetation mit hoher Produktion an Biomasse (Abb. 3). Auf einem bis 20 m tiefen Boden wachsen und vergehen die Pflanzen ohne Pause. Der Boden bietet zwar den Wurzeln guten Halt, er besitzt aber oft eine nur wenige Zentimeter starke Humusschicht. Herabfallende Pflanzenteile verrotten sehr schnell und die entstehenden Nährstoffe werden von den Pflanzen über die Wurzeln sofort wieder aufgenommen.

Dieser Kreislauf wurde von den Ureinwohnern nicht entscheidend unterbrochen. Sie brannten nur kleine Flächen des Waldes ab, ließen die Baumwurzeln im Boden und bauten Feldfrüchte, wie Maniok, an. Nach höchstens drei Jahren wurde die Fläche der Natur überlassen, da die Nährstoffe des Bodens nicht mehr für den Anbau ausreichten. Schon bald stellte sich der naturbedingte Kreislauf wieder ein.
Anders wurde bei dem ehrgeizigen Projekt der Erschließung des Regenwaldes durch die brasilianische Regierung verfahren. Entlang von in den Wald geschlagenen Straßen siedelte man Bauern an, die schon nach wenigen Jahren vor dem Problem des Nährstoffmangels im Boden standen.

4 Im Ökosystem des tropischen Regenwaldes haben die Böden nur eine geringe Nährstoffspeicherkapazität (kurzgeschlossener Kreislauf).

3.2 Die Erde – ein Ökosystem?

Alle Ökotope, Ökotopgefüge, Ökoregionen und Ökozonen mit ihren Ökosystemen sind Bestandteile der **Ökosphäre** der Erde (Abb. 1). Sie wird auch als Geobiosphäre oder als Geosphäre bezeichnet (s. S. 37 und 56).

Die Teilsphären der Ökosphäre bilden in ihrer wechselseitigen Beeinflussung und Durchdringung die grundlegenden Voraussetzungen für die Existenz von Ökosystemen der unterschiedlichen Größenordnungen.

Man kann auch die gesamte **Ökosphäre als Ökosystem** verstehen. Allerdings können dann aufgrund der großen Unterschiede in den Verhältnissen an der Erdoberfläche nur sehr allgemeine Inhalte der Ökosystemelemente beschrieben werden. Sie sind mit den grundlegenden Eigenschaften der Teilsphären gegeben. Die Erde als Gesamtheit ist an Ökosystemen *nicht* beteiligt. Die höheren Schichten der Atmosphäre haben ebenso wie die tieferen Zonen des Erdinneren auf ökologische Zusammenhänge *keinen* Einfluss, da dort keine biotischen Systemelemente existieren.

Die **Lithosphäre** umfasst als die feste Gesteinshülle der Erde die Erdkruste und die obersten Bereiche des Erdmantels (S. 62, Abb. 2). Sie enthält nicht nur die für das Funktionieren der Ökosysteme erforderlichen Mineralstoffe, sondern auch viele Rohstoffe für die menschliche Produktion. Die sich im Wesentlichen über der Lithosphäre befindende **Atmosphäre** (Lufthülle) der Erde enthält die für das Leben erforderliche Luft, aber auch die für seinen Schutz erforderliche Ozonschicht. In ihr wirkt der Treibhauseffekt. Luft ist auch in den Hohlräumen der Lithosphäre enthalten.

Diese beiden, an der Erdoberfläche aneinandergrenzenden Sphären werden von der **Hydrosphäre** (Wasserhülle) und von der **Biosphäre** (Hülle der Lebewesen), die sich teilweise überlappen, durchdrungen (Abb. 2). Biosphäre und Lithosphäre sind Voraussetzung für die Bildung der Bodenhülle **(Pedosphäre),** die wiederum Luft der Atmosphäre und Wasser der Hydrosphäre enthält (Abb. 3).

Die Ökosphäre und ihre Teilsphären sind das Ergebnis eines langen Entstehungsprozesses der Erde.

Die **Entstehung der Erde** begann vor ca. 4,5 Mrd. Jahren. Sie fand ihren Anfang zusammen mit dem unseres Sonnensystems in einer der vielen Gas- und Staubwolken des Milchstraßensystems, dem Sonnennebel. Dessen Staubteilchen ballten sich immer weiter zusammen und bildeten durch die Wirkung der Gravitation immer größere Massen. Diese Ur-

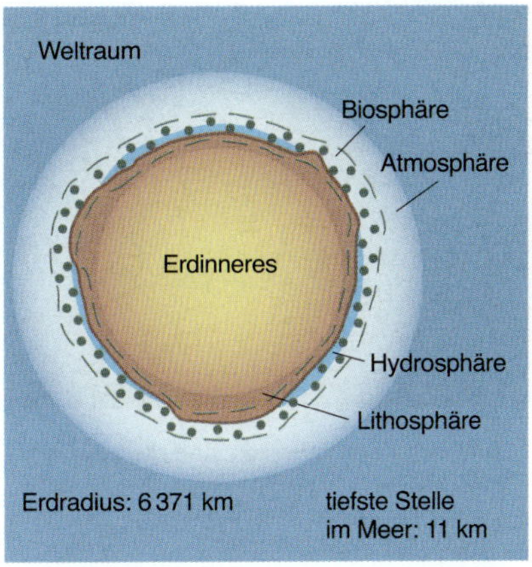

1 Lithosphäre, Atmosphäre, Hydrosphäre und Biosphäre gehören als Teilsphären ebenso zur Ökosphäre der Erde wie die Pedosphäre und die an die Lithosphäre gebundene Morphosphäre.

2 An Flussufern und Küsten berühren und durchdringen sich gut erkennbar Teile von Atmosphäre (1), Hydrosphäre (2), Lithosphäre (3) und Biosphäre (4).

3 Die Pedosphäre (Bodenhülle) stellt oft nur eine dünne Schicht an der Erdoberfläche dar. In ihr durchdringen sich alle übrigen Teilsphären der Ökosphäre. Die Pedosphäre bedarf besonderen Schutzes.

1 Gas- oder Staubwolken sind die „Geburtsstätten" von Sternen. Auch die Planeten „unseres" Sterns Sonne sind aus Gas- und Staubwolken entstanden.

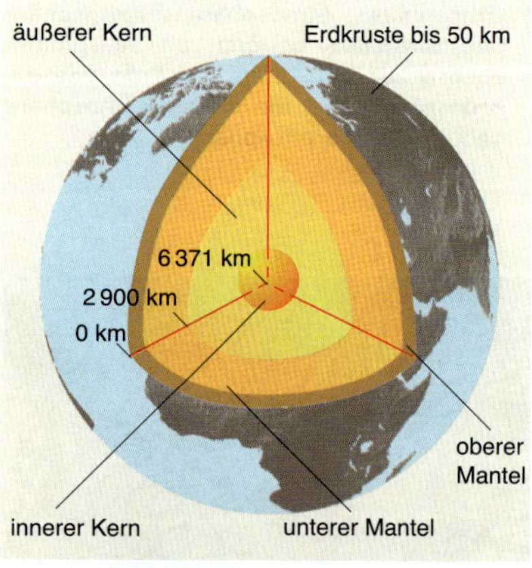

2 Beim Erkalten des Erdkörpers setzte eine Entmischung der Stoffe ein. Sie führte u. a. dazu, dass sich im Erdkern Eisen und Nickel befinden, während Mantel und Kruste überwiegend aus Silikatgesteinen bestehen.

3 Die Entfernung der Venus zur Sonne beträgt nur ca. zwei Drittel der Entfernung Erde–Sonne. Daraus ergeben sich höhere Temperaturen, die auch durch einen größeren Treibhauseffekt bedingt sind.

erde war noch kalt (Abb. 1). Die Kernreaktionen auf der Sonne begannen erst, weshalb sie nur wenig Energie abstrahlte.

Durch einsetzende Radioaktivität und vor allem durch die Aufschlagsenergie großer Meteoriten begann die Materie der Erde bis in große Tiefen zu schmelzen und die Erde wurde von einem Magma-Ozean bedeckt. Während des folgenden Erkaltens der Erde von außen nach innen, das schließlich zur Bildung einer ersten Erdkruste **(Lithosphäre)** führte, fand eine Stoffentmischung nach der Dichte statt (Abb. 2). Meteoritendurchschläge durch die noch brüchige Kruste führten zur Entgasung der Feuerkugel Erde. Unter diesen Gasen befand sich auch Wasserdampf. Nach weiterem Abkühlen konnte schließlich der Taupunkt unterschritten werden und sich Wasser in flüssiger Form bilden. Es gehört wie der Wasserdampf zur **Hydrosphäre.** Es sammelte sich als Urozeane in Hohlformen des Reliefs, das durch Krustenbewegungen und Vulkanismus entstanden war. Der Wasserkreislauf kam in Gang, mit ihm auch der Materialtransport an der Oberfläche durch fließendes Wasser. Es transportierte u. a. gelöste Salze, die die Versalzung der Ozeane verursachten.

In den Ozeanen bildeten sich erste Lebewesen. Mit den Blaualgen begann die Fotosynthese zu wirken, bei der aus CO_2 *freier* Sauerstoff entstand. Dieser reicherte sich nach und nach in der **Atmosphäre** an und stellte die Grundlage für die Ozonschicht der Erde dar. Dadurch konnte schließlich das Festland durch Organismen besiedelt werden. Die **Biosphäre** und die **Pedosphäre** entstanden über lange Zeiträume.

Die Eigenschaften der Ökosphäre und ihrer Teilsphären sowie die in bzw. zwischen ihnen ablaufenden Vorgänge sind mit einer Reihe von astronomisch-planetarischen **Rahmenbedingungen** verbunden. Sie bestehen in der mittleren Entfernung des Planeten Erde zur Sonne (Abb. 3), in der Strahlungskraft der Sonne, in der Erdmasse und den Mengenverhältnissen der chemischen Elemente im Planeten Erde.

Die astronomisch-planetarischen Rahmenbedingungen und die Sphären der Erde wirken sich gemeinsam auf die Verhältnisse an der Erdoberfläche aus.

Dieses Zusammenwirken betrifft z. B. die Temperaturen an der Erdoberfläche. Aus der Sonneneinstrahlung bei der **mittleren Entfernung Erde–Sonne** von 150 Mio. km ergäbe sich eine Temperatur an der Erdoberfläche von nur 5 °C. Da die Erde aber kein schwarzer Körper ist, der alles auftreffende Licht in Wärme umsetzt, sondern stark reflektierende Oberflächenanteile (Eisflächen, Wolken, Wüsten) besitzt, die ein Drittel des Sonnenlichts reflektieren, ergäbe sich sogar eine Temperatur von –20 °C! Allein durch die natürliche Treibhauswirkung der **Atmosphäre** wird die Erdoberfläche ständig um 35 °C wärmer gehalten. Die heutige mittlere Oberflächentemperatur von 15 °C ist das Resultat des natürlichen Treibhauseffekts.

Nur deshalb ist es möglich, dass das Wasser auf unserer Erde derzeit überwiegend flüssig und nicht ausschließlich eis- oder dampfförmig vorliegt. Es lässt sich ausrechnen, dass die Erde nach einer einmaligen Abkühlung mit umfassender Vereisung so stark reflektieren würde, dass sie von selbst nicht zur heutigen Temperatur über dem Gefrierpunkt zurückfinden würde. Andererseits wäre nach einmaliger Erwärmung über den Siedepunkt des Wassers die Atmosphäre so reich an dem Treibhausgas „Wasserdampf", dass sie für immer die erhöhte Temperatur halten würde.

Eine wichtige Voraussetzung für die Existenz der Atmosphäre ist die **Masse der Erde,** die die erforderliche Gravitation (Erdanziehung) schafft, um die Gase nicht in den Weltraum entweichen zu lassen. Der Mond besitzt aufgrund seiner geringeren Masse keine Atmosphäre (Abb. 1). Am natürlichen Treibhauseffekt ist auch der Wasserdampf der **Hydrosphäre** nicht unbedeutend beteiligt. Er wiederum befindet sich in der Atmosphäre durch die Sonneneinstrahlung *und* durch die aufgrund des Treibhauseffektes erhöhten Temperaturen.

Neben der **Lithosphäre** (Verteilung der Kontinente) beeinflusst auch die **Biosphäre** den Wärmehaushalt der Erde. Die Pflanzendecke verringert mit ihrem Bestreben, möglichst viel Sonnenenergie aufzunehmen, den Wärmeverlust der Erde durch Reflexion ganz erheblich. Sie verursacht damit die heutige „wohnliche" Temperatur der Erdoberfläche mit.

Die astronomischen Rahmenbedingungen bleiben nicht konstant. Ihre Veränderungen können weitreichende Wirkungen auf das empfindliche System Erde haben.

Neben der wechselnden Strahlung infolge der **Sonnenfleckenaktivität** wird die Sonnenstrahlung auf die Erde durch mehrere periodische **Schwankungen der Erddrehung** und ihrer **Umlaufbahn** verändert (Abb. 2 und 3).

Art der periodischen Schwankung	Zyklus in Jahren
Ellipse der Erdumlaufbahn staucht sich	93 000
Neigung der Erdachse schwankt um 3°	41 000
Kreiselbewegung der Erdachse (Präzession)	25 800
Zeitpunkt größter Sonnennähe im Jahr	21 000

1 Die unterschiedliche Größe von Erde und Mond weist bereits auf den Masseunterschied hin. Während es bei der Erde $5{,}97 \cdot 10^{24}$ kg sind, bringt der Mond nur $7{,}35 \cdot 10^{22}$ kg „auf die Waage".

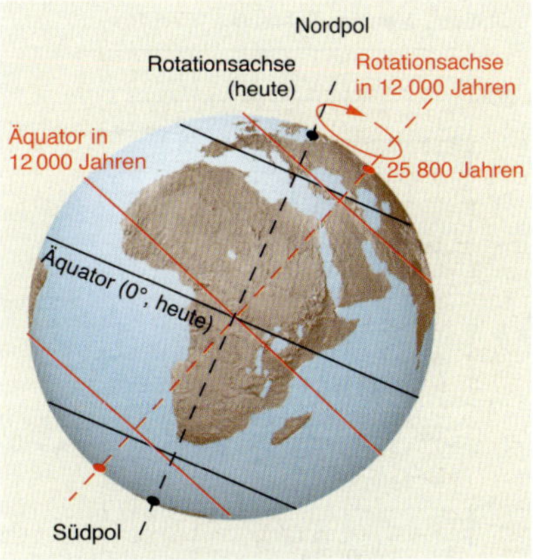

2 Alle 25 800 Jahre beschreibt die Rotationsachse der Erde einen Kegelmantel. Dadurch verändern sich für die einzelnen Punkte auf der Erdoberfläche die Einstrahlungswinkel. Diese Schwankungen können zu Klimaveränderungen führen.

3 Die periodischen Schwankungen von Rotation der Erde und ihres Umlaufs um die Sonne bewirken Schwankungen in Wärmehaushalt und Klima der Erde. Zeitweise überlagern sich diese Effekte und führen zu großen Gesamtwirkungen.

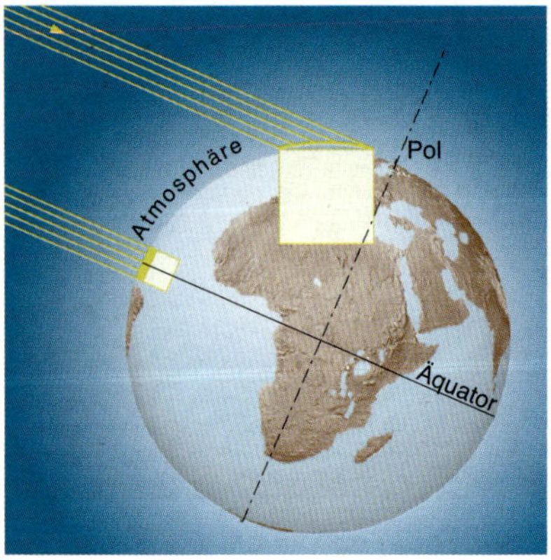

1 Wäre die Erde eine (zur Sonne weisende) Scheibe, wie das die Menschen noch bis ins Altertum annahmen, so erreichte überall ein gleiches Strahlenbündel eine gleich große Fläche. Unterschiedliche Erwärmung träte nicht aufgrund des Einstrahlungswinkels ein.

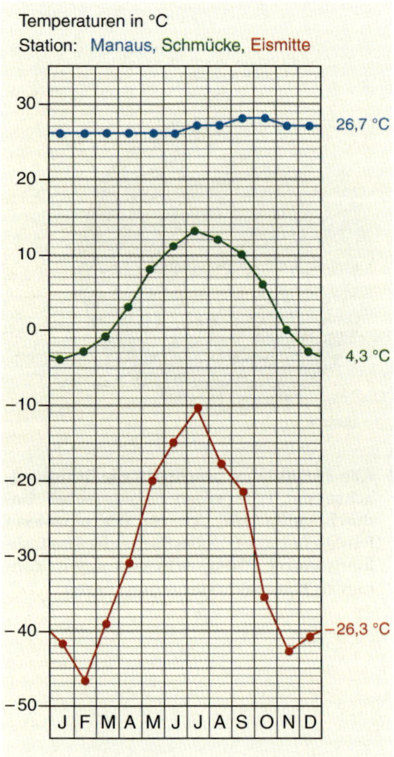

2 Die drei Temperaturkurven sowie die Jahresmittel weisen deutlich auf die Lage der drei Stationen in unterschiedlichen Klimazonen hin. Die dortigen Temperaturen werden aber u. a. auch von der unterschiedlich starken Ausstrahlung von Eis und Regenwald beeinflusst.

Für das jüngste Erdzeitalter, das Quartär oder Eiszeitalter, ergibt die berechnete Variation der Sonneneinstrahlung eine überraschende Übereinstimmung mit den Vereisungszyklen von ca. 100 000 Jahren. Dabei sind nicht Änderungen der Gesamtstrahlungsmenge bedeutend, sondern *veränderte* regionale bzw. zeitliche *Verteilungen der Strahlung* (z. B. geringere Gegensätze zwischen Sommer und Winter). Wenn Winter wärmer werden, ergibt sich über die feuchtere Luft meist ein höherer Schneefall. Wenn dafür die Sommer kälter bleiben, taut weniger Eis ab. Eine Verringerung der jahreszeitlichen Temperaturgegensätze kann so das Eiswachstum beschleunigen.

Allerdings erklärt die rhythmische Änderung der Erdbestrahlung nicht, warum vor dem 2 Mio. Jahre währenden Quartär mindestens 250 Mio. Jahre lang keine Vereisungen auftraten. Eine Erklärungsmöglichkeit liegt in einer anderen Ungleichmäßigkeit: der *Anordnung der Kontinente* auf dem Erdball. Infolge der Bewegungen der Lithosphäreplatten hat es in früheren Erdzeitaltern weniger Festland in Polnähe gegeben. Das polnahe Meer erschwerte dann durch das Fortströmen des kalten und das Nachströmen von wärmerem Wasser die Eisbildung.

Die große Vielfalt der Ökosysteme auf der Erde und ihre unterschiedliche räumliche Ausprägung kann allein aus der Existenz der Ökosphäre und ihrer Teilsphären sowie aus den astronomisch-planetarischen Rahmenbedingungen *nicht* erklärt werden.

Für die Erklärung der Vielfalt der Ökosysteme ist die **Differenzierung der Ökosphäre** heranzuziehen. Diese Differenzierung wird durch Strahlung und Zirkulation sowie durch den geologischen Bau bedingt.

Die **strahlungsbedingte Großgliederung** der Ökosphäre hängt mit der Gestalt der Erde und ihren Bewegungen zusammen. Die mittlere Temperatur an der Erdoberfläche (s. S. 63) ist ein für die gesamte Erde mathematisch bestimmter Wert. Sie trifft folglich nur zufällig auf einige Orte auf der Erde zu. Dass es für Teile der Erdoberfläche außerordentlich unterschiedliche mittlere Temperaturen gibt, ist auf die **Kugelgestalt der Erde** zurückzuführen (Abb. 1). Die **Bewegung der Erde** um die Sonne und die dabei gleichbleibende **Neigung der Erdachse** sind wiederum Ursachen für die jahreszeitliche Differenzierung der Durchschnittstemperaturen.

Die in Nord-Süd-Richtung vom Äquator zu den Polen sehr unterschiedliche Energiezufuhr von der Sonne führt zunächst zur Herausbildung von **Klimazonen,** die sich in West-Ost-Richtung ausdehnen (Abb. 2). In ihnen bestehen nicht nur unterschiedliche Temperaturverhältnisse, sondern auch ein jeweils anderer **Wasserhaushalt.** Folgeerscheinungen der Klimazonen sind die **Vegetationszonen** und die **Bodenzonen,** die sich räumlich an die Klimazonen anlehnen.

Die **baubedingte Großgliederung** der Ökosphäre geht von der Lithosphäre aus. Wäre die Lithosphäre gleichmäßig ausgebildet, würde die Erde vermutlich durchgehend von einem 2 851 m tiefem Meer bedeckt und es hätte ebenso wenig eine Entwicklung festländischer Lebensformen gegeben. Erst die **Plattenbewegungen** und mit ihr verbundene Vorgänge (Vulkanismus) haben zu unterschiedlich dicken ozeanischen und kontinentalen Platten geführt. Die Erdkruste erhielt ein **Relief** (Morphosphäre), das von –11 034 m bis +8 846 m reicht. In den größten Hohlformen, den Ozeanen, sammelte sich das meiste Wasser. Die größten Vollformen erscheinen als Kontinente (Abb. 1). Diese Differenzierung an der Erdoberfläche war die Voraussetzung dafür, dass sich aquatische und terrestrische Ökosysteme bilden konnten. Innerhalb der Ozeane wie innerhalb der Kontinente gibt es weitere Unterschiede: Tiefsee und Flachmeer bzw. Tiefland, Mittelgebirgsland und Hochgebirge mit ihren vielfältigen Oberflächenformen. Dazwischen bildeten sich die Küstenbereiche.

Die Gliederung der Lithosphäre hat weitreichende Folgen. Erst durch die Höhenunterschiede konnten sich Bäche und Flüsse bilden. Dem **fließenden Wasser** verdanken wir nicht nur die eigentliche Vielgestaltigkeit und fortwährende Erneuerung der Erdoberfläche (im Gegensatz zur kraterzernarbten Mondoberfläche). Wasser ist ebenfalls an der Entstehung von Rohstofflagerstätten beteiligt, indem es Verwitterungsmaterial transportiert und sortiert und dadurch viele nutzbare Rohstoffe erst zu abbauwürdigen Konzentrationen zusammengetragen hat (Abb. 2).

Die durch den Bau der Lithosphäre bedingte Großgliederung wirkt ihrerseits differenzierend auf Meeresströmungen und das **Klima** sowie die Ausprägung der Klimazonen ein. Maritimes und kontinentales Klima innerhalb ein und derselben Klimazone, Stau und Föhn oder die Höhenstufen (Abb. 3) sind das Ergebnis. Und diese klimatischen Unterschiede innerhalb ein und derselben Klimazone haben wiederum Auswirkungen auf **Vegetation** und **Tierwelt** sowie auf die **Böden.** Damit sind weitere Bedingungen für die große Vielfalt der Ökosysteme (s. Abschnitt 2.3) gegeben.

Die strahlungsbedingte und die baubedingte Großgliederung der Ökosphäre bilden zusammen die Voraussetzungen für das Vorhandensein vielfältiger Ökoregionen. In diesen befinden sich Ökotopgefüge und Ökotope.

1 Die kontinentalen Platten ragen oftmals sehr eindrucksvoll aus dem Meer. Die norwegische Küste zeigt nicht nur Spuren der Vergletscherung, sondern ist durch die Fjorde reich gegliedert.

2 Nicht nur die Goldvorkommen in den Flüssen Kaliforniens treten infolge der hohen Masse des Metalls durch fließendes Wasser angereichert auf. Auch Kies und Sand wurden vom Wasser nach ihrer Korngröße sortiert und sind erst dadurch nutzbar.

3 Die unterschiedlichen Höhenstufen der Vegetation in Gebirgen, die trotz menschlicher Eingriffe noch gut erkennbar sind, sind durch die klimaprägenden Reliefunterschiede der Lithosphäre bedingt.

Von der Kompliziertheit der Klimaprognosen

Schon eine zutreffende Vorhersage des Wetters über (mehrere) Wochen bereitet den Wissenschaftlern aufgrund der vielen daran beteiligten Faktoren und Prozesse noch erhebliche Probleme. Unvergleichlich schwieriger jedoch sind Klimavorhersagen, noch dazu, wenn sie weit in die Zukunft reichen sollen.

Gesichert sind lediglich der Zusammenhang zwischen Treibhausgasen und Temperatur sowie die auch in naher Zukunft kaum zu beendende Zunahme dieser Gase in der Erdatmosphäre.

Bei heutiger jährlicher Abgabe von 22 Mrd. t Kohlenstoffdioxid aus fossilen Energieträgern an die Atmosphäre ist der Anstieg von atmosphärischem Kohlendioxid um bisher 30 % gegenüber dem unbeeinflussten Wert vor der industriellen Revolution kaum überraschend. Gegenüber der Bildung der fossilen Brennstoffe, bei der Kohlenstoff aus dem CO_2 der Atmosphäre durch Fotosynthese isoliert *und* durch geologische Vorgänge der Atmosphäre und der Biosphäre entzogen wurde, vollzieht sich bei der Verbrennung ein umgekehrter Prozess. Dieser verläuft jedoch in unvergleichlich höherer Geschwindigkeit als der Bildungsprozess. Es wird geschätzt, dass die Menschheit an einem einzigen Tag so viel Kohlenstoff freisetzt, wie an 500 000 Tagen von der Natur gebunden wurden!

Aber auch das treibhauswirksame Methan hat sich in der Atmosphäre verdoppelt und Lachgas nahm um 14 % zu. Hauptquelle von Methan sind dabei nicht Maschinen, sondern landwirtschaftliche Wirtschaftsweisen: Es entsteht beim Anbau von Nassreis und entweicht aus Mägen von Wiederkäuern.

Die menschenverursachte Abgabe von Kohlenstoffdioxid aus Kohlenstoffvorräten, die bisher als Erdöl, Erdgas, Kohle und Torf der Atmosphäre dauerhaft entzogen waren, macht nur etwa ein Fünfzigstel dessen aus, was Tiere, absterbende Pflanzen und die Ozeane an die Atmosphäre abgeben. Allerdings nehmen Pflanzen und Meeresalgen durch die Fotosynthese auch vergleichbare Mengen wieder auf, so dass der natürliche Kohlenstoffkreislauf keine Zunahme des atmosphärischen Kohlenstoffs bewirkt. Es ist sogar wahrscheinlich, dass die Vegetation und das Meer angesichts des erhöhten Angebots an atmosphärischem Kohlenstoffdioxid mehr Kohlenstoff als zuvor im „biologischen Speicher“ und im Meer auch im „geochemischen Speicher“ binden.

Damit würde die Zunahme von Kohlenstoffdioxid in der Atmosphäre etwas langsamer verlaufen, als es der zusätzlichen künstlichen Freigabe des Gases entspräche.

Die Wirkung des – physikalisch unstrittigen – Treibhauseffektes auf das heutige Klima ist weit schwieriger zu messen als die unmittelbare atmosphärische CO_2-Zunahme: Einmal ist die Ermittlung einer globalen Durchschnittstemperatur kompliziert und auch der Vergleich mit jahrzehntealten, z. T. anders zusammengetragenen Werten problematisch. Zum anderen erfassen regionale Wetter- und Klimarekonstruktionen äußerst starke *natürliche* Schwankungen. Beispielsweise gab es in Europa von 1000 bis 1350 eine „kleine Warmzeit“, gefolgt von einer 500-jährigen „kleinen Eiszeit“, die bis 1850 dauerte. Womit sollen nun die heutigen, ebenfalls stark schwankenden Werte verglichen werden? Eine komplizierte Aufgabe für Statistiker!

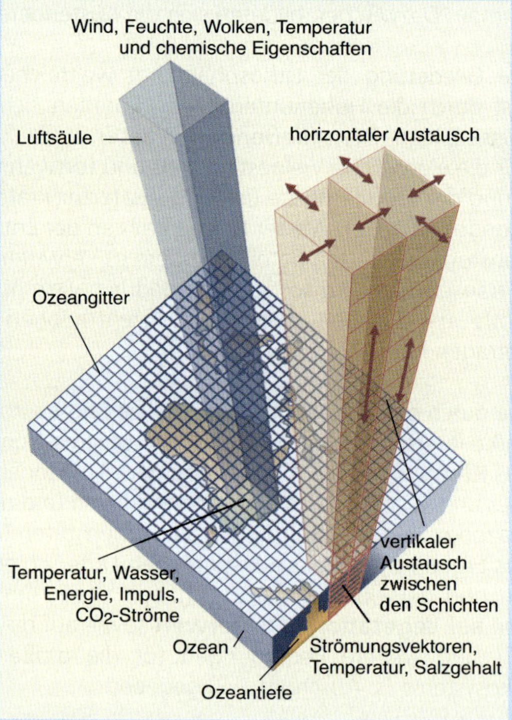

1 Mit dynamischen Klimamodellen werden u. a. Winde, Temperaturen, Salzgehalt und Wolkenverteilung in einer bestimmten Jahreszeit für eine Gitterzelle berechnet. Dies muss jedoch für viele dieser Gitterzellen gleichzeitig geschehen.

Unmittelbare Wichtigkeit für die Menschheit hat die Frage, auf welche Klimaänderungen und ihre Folgen sie sich innerhalb welcher Zeiträume einstellen muss. Die dafür nötigen Prognosen werden von vielen Forschungseinrichtungen über **Computermodelle** (S. 66, Abb. 1) vorgenommen. Diese Modelle enthalten allerdings immer Einschränkungen hinsichtlich der räumlichen Auflösung sowie hinsichtlich der Zeitschritte, in denen sie sich rechnend in die Zukunft vortasten. Diese unverzichtbaren Vereinfachungen – man kann nie jedes Luftpaket einzeln berechnen – sowie die mangelhafte Kenntnis mancher Naturprozesse und -zustände, z. B. in der Atmosphäre oder in der Tiefsee, führen zu Unsicherheiten der Modellergebnisse. Sie sind umso größer, je weiter in die Zukunft prognostiziert wird.

Zu den vielfältigen Wechselwirkungen, die eine **globale** Klimaprognose berücksichtigen muss, gehören beispielsweise:

- höhere Verdunstung bei erhöhter Temperatur – mehr Auswaschung von atmosphärischem Kohlenstoffdioxid durch erhöhte Niederschläge,
- mehr Auswaschung von atmosphärischem Kohlenstoffdioxid und Festlegung in Carbonatsedimenten am Meeresboden – Vulkanismus und Freisetzung von Kohlenstoffdioxid an die Atmosphäre (Abb. 1) ,
- höhere Reflexion der Erdoberfläche bei Ausdehnung von Wüsten, aber auch bei größeren Schneefeldern infolge stärkerer Niederschläge – Absinken der globalen Temperatur (um 2,5 °C bei 1 % Zunahme der globalen Reflexion),
- geringere Niederschläge durch geringere Verdunstung – Abnahme der Kohlenstofffestlegung im Meer – Verstärkung des Treibhauseffekts,
- Verstärkung des Treibhauseffekts – Erwärmung auch der Meerestemperatur und der Verdunstung,
- Verringerung der Dichte des polnahen Meereswassers durch Schmelzwasser aus dem Polareis und durch erhöhten Niederschlag – geringeres Absinken von kaltem Wasser, geringeres Nachströmen von warmem Wasser, Gefährdung des Antriebes des Golfstroms.

Aber selbst wenn die Änderung der globalen Durchschnittstemperatur genau bekannt wäre, blieben aufgrund der komplizierten Verknüpfungen der Klimafaktoren die **regionalen** Auswirkungen immer noch sehr ungewiss. Keineswegs gäbe es nur eine einfache Verschiebung der Klimazonen oder Änderungen der Durchschnittswerte. Vielmehr wird mit veränderten Mustern der Klimabereiche und mit einer Zunahme von Extremwerten gerechnet.

Würde infolge globaler Erwärmung der Golfstrom seinen Verlauf ändern oder sogar verebben, sänke die Temperatur Westeuropas möglicherweise um bis zu 10 °C. Es bestünde dann ein Klima wie in vergleichbaren Breiten Kanadas. Gerade die regionalen Änderungen müssten aber genauer vorhergesagt werden, um Politiker und Bevölkerung zu Verringerungen klimabeeinflussender Verhaltensweisen zu motivieren oder um sich zumindest rechtzeitig auf neue Klimabedingungen, z. B. durch Bau von Deichen an den besonders gefährdeten Küsten, einzustellen.

Auch wenn das aktuelle Klima noch nicht mit letzter Sicherheit menschenverursachte Änderungen zeigt und Klimaprognosen unsicher sind: Die kaum abwendbare Verdoppelung des Treibhausgases CO_2 bis zum Jahr 2050 wird das Klima merklich beeinflussen. Die Auswirkungen werden regional sehr unterschiedlich sein.

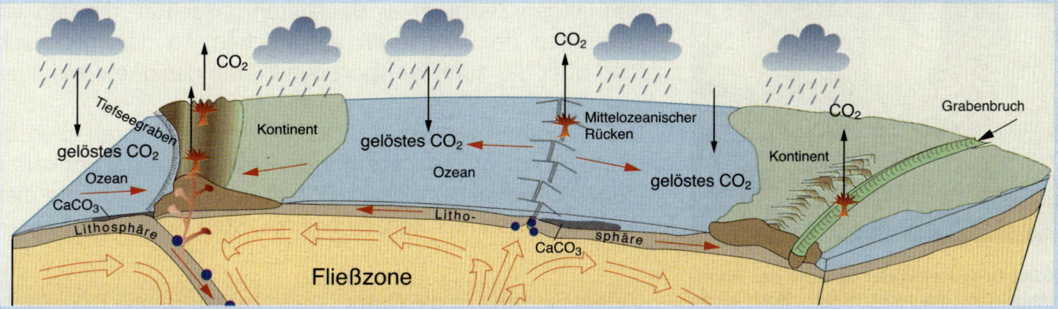

1 **Das auf natürliche Weise und durch menschliche Tätigkeit in die Atmosphäre gelangende CO_2 wird z. T. im Regenwasser gelöst und erreicht so auch die Meere. Dort wird es als $CaCO_3$ festgelegt. Durch Vulkanismus wird CO_2 jedoch wieder an die Atmosphäre zurückgegeben.**

1 Zahlreiche Ebenholzbäume wuchsen in den Wäldern von Sri Lanka. Durch Rodungen für den Teeanbau und Herausschlagen dieser Bäume aus dem Wald müssen nun die wenigen verbliebenen Bäume vor dem vollständigen Ausrotten geschützt werden. Sri Lanka exportiert jedoch weiterhin Edelhölzer.

2 Koala bedeutet in der Sprache der Aborigines „Tier, das nicht trinkt". Noch leben 400 000 Koalas in Australien. Sie fressen ausschließlich frische Blätter von etwa sechs der 600 Arten des Eukalyptusbaumes. Durch zunehmenden Holzeinschlag sind sie in ihrer Existenz gefährdet.

3.3 Die Verantwortung des Menschen für das Leben und seine Vielfalt

Das Leben auf der Erde ist durch eine von der Natur gegebene **große Artenvielfalt** gekennzeichnet. Biologen schätzen die Gesamtzahl aller Tierarten auf 1 350 000, die aller Arten von Samenpflanzen auf 240 000. Doch kann heute noch kein Mensch sagen, wie viele Arten tatsächlich existieren.

Der Artenbestand verändert sich ständig durch *natürliche* Prozesse. Große Umbrüche erfolgten in der Erdgeschichte z. B. durch Klimaumschwünge oder Meteoriteneinschläge.

Die Dinosaurier starben am Ende der Kreidezeit vor etwa 70 Millionen Jahren aus. Eine Vielzahl von Pflanzen der Tertiärzeit, aus denen Braunkohlen entstanden, existieren heute nicht mehr. Dies geschah ohne Zutun des modernen Menschen, denn dieser lebt erst seit etwa 150 000 Jahren auf der Erde. Die Natur hat ihre eigenen Gesetze. Auch alle Komponenten eines Ökotops sind ständigen natürlichen Veränderungen unterworfen. Tiere und Pflanzen beeinflussen ihrerseits die Umwelt. Biber nagen Bäume ab und bauen Burgen aus Stämmen und Zweigen, Termiten errichten meterhohe Türme, Pflanzenwurzeln spalten Steine und aus abgestorbenen Pflanzen kann sich Torf bilden.

Seit dem Auftreten der **Menschen** verändern diese ebenfalls die sie umgebende Natur. Am Anfang des **Ackerbaus** sammelten sie Grassamen, die mit einfachen Mitteln in den Boden gebracht wurden. Nach und nach wurden die Erträge durch Auswahl der ertragreichsten Gräser und durch intensivere Bodenbearbeitung erhöht. Durch den Ackerbau wurde die ursprüngliche Vegetation vernichtet. Tiere verloren ihren Lebensraum und wanderten ab. Die Erosion durch Wind und Wasser verstärkte sich, die Struktur des Bodens und sein Nährstoffgehalt nahmen eine neue Qualität an. Zu Beginn der **Viehzucht** wurden Wildtiere eingefangen und über einen langen Zeitraum zu Haustieren gezüchtet, die den Vorstellungen der Menschen entsprachen, so das milchreiche Rind oder das zum Transport von Waren geeignete Maultier.

Die Menschen verbesserten als Teil der Natur ihre Lebensbedingungen. Durch die **steigende Bevölkerungszahl** kam es jedoch zu immer größeren Eingriffen in die Natur, die diese auch immer stärker negativ beeinflussten (Abb. 1 und 2).

Viele Eingriffe in die Natur haben katastrophale Folgen, so die Zerstörung der Lebensgrundlagen vieler Pflanzen und Tiere, die Veränderung ganzer Ökoregionen in Stadtlandschaften, die Belastung der Umwelt durch Giftstoffe.

Immer mehr Menschen bevölkern die Erde, noch ist kein Rückgang der **Anzahl der Erdbevölkerung** abzusehen. Diese Menschen müssen die Natur nutzen. Sie atmen die Luft, trinken das Wasser, nehmen pflanzliche und tierische Nahrung zu sich und entsorgen Stoffe wieder in die Natur. Aber so einfach ist dieser Stoffkreislauf längst nicht mehr.

Schon in wenigen Jahren werden mehr als die Hälfte der Menschen auf der Erde in **Megastädten** leben.

Das sind Städte mit mehr als 10 Mio. Menschen (Abb. 1). Zu ihnen gehört auch Mexiko-Stadt (Abb. 2). Diese Entwicklung stellt die Menschheit insgesamt vor gigantische Probleme. In den großen Städten der Entwicklungsländer leben nach Angaben der UNO mehr als ein Viertel der Bewohner unterhalb der Armutsgrenze. Oftmals stehen ihnen weder ausreichend sauberes Trinkwasser noch eine Abwasserentsorgung zur Verfügung. Hinzu kommen weitere Versorgungsprobleme: Allein 10 Mio. Menschen benötigen *Tag für Tag* 20 000 t Nahrungsmittel und 100 000 t Brennstoffe.

Von der UNO wurden Berechnungen des Bevölkerungswachstums vorgelegt, die jeweils drei Varianten umfassen: einen niedrigen, einen mittleren und einen hohen Wert (Abb. 3). Es könnte durchaus sein, dass im Jahr 2050 10,7 Mrd. oder auch nur 7,3 Mrd. Menschen die Erde bewohnen.

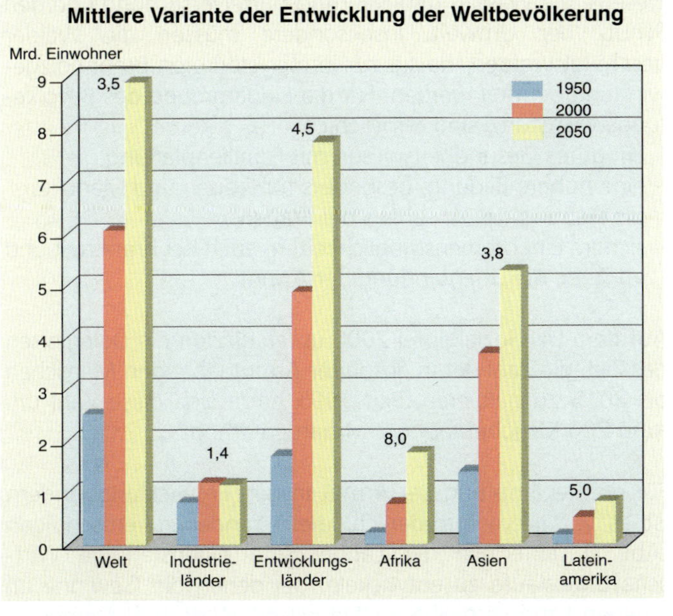

3 Im Diagramm wurde der mittlere der berechneten Werte dargestellt. Die Zahl über den Säulen gibt an, um das Wievielfache die Bevölkerung des Jahres 2050 gegenüber der von 1950 gewachsen sein wird.

Ausgewählte Megastädte der Erde und ihre Entwicklung (Einw. in Mio.)

	1995	2005	2015
Afrika			
Lagos	10,3	11	16,4
Kairo	9,7	12	14,5
Asien			
Tokio	26,8	35,2	35,5
Mumbai	15,1	18,2	21,9
Shanghai	15,1	14,5	17,2
Jakarta	11,5	13,2	16,8
Lateinamerika			
São Paulo	16,4	18,3	20,5
Mexiko-Stadt	15,6	19,4	21,6

1 Noch 1970 war New York die größte Stadtregion der Welt. 2015 wird es mit 19 Mio. Einwohnern noch unter den ersten zehn Stadtregionen sein.
Europas größte Stadtregionen werden 2015 Istanbul (12,3 Mio.), Paris (9,7 Mio.) und Moskau (>10 Mio.) sein.

2 In vielen Entwicklungsländern entstehen Megastädte. Mexiko-Stadt erreichte bereits 1971 den Status „Megastadt“.

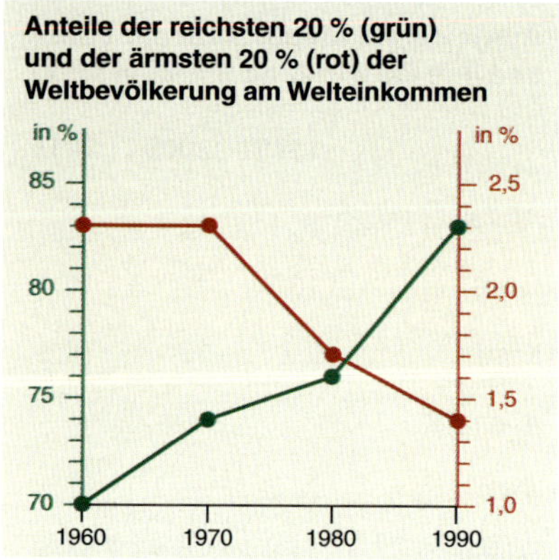

1 **Die Einkommensunterschiede in der Weltbevölkerung haben sich in den letzten Jahrzehnten weiter vergrößert.**
In Afrika südlich der Sahara haben heute 46 % der Bevölkerung weniger als 1 $ pro Tag zur Verfügung.

2 **Nach Protesten im November 1999 in Seattle (USA) und im September 2000 in Prag gegen die Globalisierung fand im Januar 2001 an der Katholischen Universität von Porto Alegre (Brasilien) ein Weltsozialforum statt. Dort wurden Internationaler Währungsfonds (IWF) und Weltbank für die wachsenden Unterschiede mitverantwortlich gemacht.**

3 **Dr. Keneth Kaunda, von 1964 bis 1991 erster Präsident Sambias: „Afrika hat seine Schulden schon mehrfach bezahlt."**

Das **Wachstum der Weltbevölkerung** einerseits und die **Begrenztheit der Ressourcen** andererseits macht es notwendig, dass alle Naturressourcen immer effektiver genutzt werden, um allen Menschen genügend Nahrungsmittel, ausreichend Wasser und ein menschenwürdiges Arbeiten, Wohnen und Erholen zu gewährleisten. Bis heute ist dies aber besonders in den armen **Entwicklungsländern** nicht gegeben (Abb. 1). Hunger, Wassermangel, schlechte Wohnverhältnisse existieren selbst noch für viele Menschen in relativ entwickelten Ländern wie Südafrika und Brasilien.

Besonders dramatisch kann sich die Armut in Afrika entwickeln, da hier der höchste Zuwachs der Bevölkerung erwartet wird und Afrika nur schwach in die internationale Arbeitsteilung einbezogen ist. Angesichts der relativ geringen landwirtschaftlich nutzbaren Flächen, der seit den Achtzigerjahren rückläufigen Pro-Kopf-Ernährung, der Probleme bei der Wasserversorgung und des Bildungsgrades kann die Entwicklung in Afrika nur mit großer Besorgnis gesehen werden.

Ein Umdenken ist erforderlich. Die Länder des „Südens" müssen als gleichberechtigte Partner in die Weltwirtschaft eingebunden werden (Abb. 2). Das kann im Rahmen der sich rasch entwickelnden Globalisierung erfolgen.

Es müssen Hilfen gegeben werden, die dazu beitragen, das Bevölkerungswachstum einzudämmen, denn die schnell wachsende Bevölkerung erschwert den Ausbau des Bildungswesens, die Wasser- und Nahrungsmittelversorgung und den Schutz der Umwelt. Insbesondere müssen die Wälder geschützt werden, da sie zur immer stärkeren Brennholzgewinnung benutzt werden. Für die Eindämmung des Bevölkerungswachstums sind erforderlich:
- ein gutes Gesundheitswesen mit Familienplanung,
- eine höhere Bildung, besonders für Frauen und Mädchen,
- die Hebung des Ansehens der Frauen,
- sichere Einkommensmöglichkeiten, auch bei Krankheit und im Alter, die Überwindung der Armut.

Auf dem UN-Sozialgipfel 2000 unterstützten die Delegierten das Ziel, die Zahl der in absoluter Armut lebenden Menschen bis 2015 zu halbieren. Seit 1995 hatte sich diese Zahl um rund 200 Millionen auf 1,2 Milliarden erhöht.

Für die Bekämpfung der Armut in den Entwicklungsländern ist es vor allem erforderlich, diese Länder zu entschulden (Abb. 3). Innerhalb der Länder sind eigenständige Wirtschaftskreisläufe zu entwickeln, bei denen die Gewinne im eigenen Land verbleiben. Ökologische Wirtschaftsformen in der Land- und Forstwirtschaft und ein umweltverträglicher Tourismus können wichtige Beiträge dazu leisten.

Die Überwindung der Situation in den Entwicklungsländern stellt ein Weltproblem dar. Zunehmend wird erkannt, dass die Schaffung menschenwürdiger Verhältnisse in diesen Ländern auch im Interesse zukünftiger Generationen in den anderen Ländern der Erde liegt und dass dies nur durch eine solche Entwicklung der Wirtschaft geschehen kann, die ökologischen Ansprüchen genügt. Die Lösung dieser Aufgabe steht auch in den wirtschaftlich **entwickelten Ländern** des „Nordens" erst am Anfang.

Sparsamer **Umgang mit Naturressourcen** in allen Bereichen der menschlichen Tätigkeit ist zum Schutz der Umwelt und wegen ihrer Verknappung erforderlich.

Mit fossilen Brennstoffen, Luft, Holz und fast allen anderen der Natur entnommenen Stoffen muss sparsam umgegangen werden. Zu einem besonderen Engpass entwickelt sich weltweit zunehmend das **Wasser** (Abb. 3). Für die Nutzung durch die Menschen steht nur etwa 1 % zur Verfügung. Das sind durchschnittlich etwa 7 300 m^3 pro Kopf der Bevölkerung. Ein Mensch benötigt im Jahr mindestens 1 000 m^3 Wasser. Bei dieser Menge kann bereits die Gesundheit und die wirtschaftliche Tätigkeit behindert sein. Obwohl sie theoretisch zur Verfügung steht, ergeben sich durch die räumlich und zeitlich unterschiedliche Verteilung große Probleme. 1998 gab es 18 Länder, in denen die erforderliche Wassermenge nicht zur Verfügung stand. Darunter befanden sich Algerien, Tunesien, Saudi-Arabien, Somalia, Ägypten und Peru.

Da das nutzbare Süßwasser nicht vermehrt werden kann, muss es möglichst sparsam genutzt werden. In Deutschland ist der Wasserverbrauch der Bevölkerung rückläufig (Abb. 1). Zwischen den Ländern gibt es beträchtliche Unterschiede. So verbraucht ein Einwohner Schleswig-Holsteins noch 154 Liter Wasser pro Tag, während es in Thüringen nur 86 Liter sind. Hauptverbraucher ist die Wirtschaft (Abb. 2).

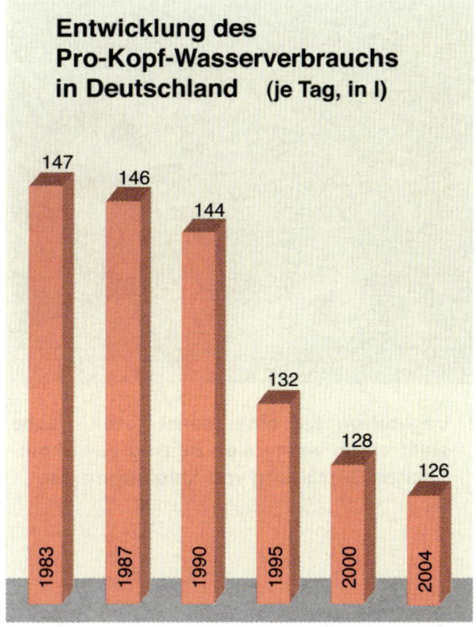

1 Seit 1983 ist der Wasserverbrauch der Bevölkerung je Einwohner und Tag gesunken. Er wird fast vollständig aus der öffentlichen Wasserversorgung gedeckt. Diese hat an der gesamten Wassernutzung jedoch einen sehr geringen Anteil.

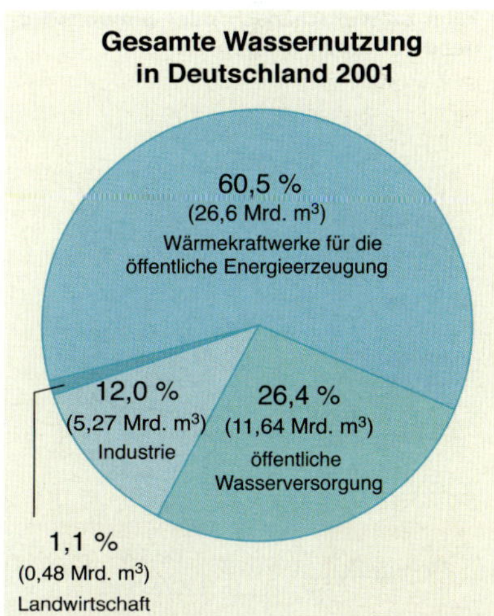

2 Der Anteil der öffentlichen Wasserversorgung am gesamten Wasserverbrauch in Deutschland beträgt nur reichlich 26 %. Hauptverbraucher ist die Elektroenergieerzeugung.

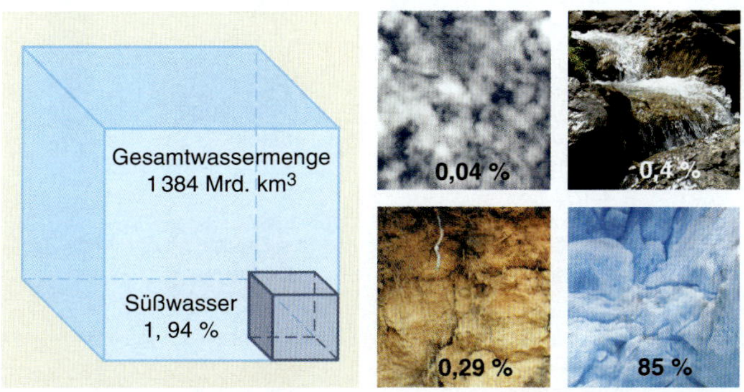

3 Der Anteil des Süßwassers an der Gesamtwassermenge der Erde beträgt nur 1,94 %. Das meiste davon ist nicht einmal unmittelbar zu nutzen.

1 Vegetation auf einer sonst toten Fläche stellt einen wertvollen Beitrag zur ökologischen Gestaltung von Siedlungen dar.

Eine wichtige Maßnahme zur Reduzierung des Wasserverbrauchs ist die Mehrfachnutzung des Wassers durch Zwischenklärung. Dabei haben sich u. a. innerbetriebliche Kreisläufe bewährt (s. S. 19).

Auch beim Umgang mit der Ressource **Boden** ist trotz der gegenwärtigen Überproduktion an landwirtschaftlichen Erzeugnissen größere Sorgfalt erforderlich, denn Boden bildet sich nur in Zeiträumen von mehreren tausend Jahren neu. Beim Bau von Häusern und Straßen kommt es zur **Versiegelung** großer Bodenflächen. Das bedeutet das Ende der im Boden lebenden Tiere und der auf diesem Boden wachsenden Pflanzen. Als Folgeerscheinung ziehen sich auch die Tiere zurück, deren Nahrungsgrundlage ausgelöscht wurde, wie Schnecken, Igel und Amseln. Die Bodenversiegelung kann nicht vollständig verhindert, sie kann aber vielfach eingeschränkt oder abgeschwächt werden. So können Hausdächer und -wände begrünt (Abb. 1), Gartenwege mit unversiegelten Steinen belegt und in Ausflugsgebieten Parkplätze ohne Totalversiegelung gebaut werden. In Naturschutzgebieten werden häufig anstelle der Versiegelung von Flächen hölzerne Stege gebaut, die für im und vom Boden lebende Tiere kaum Behinderungen bringen.

2 Die Herstellung eines Bekleidungsgegenstands erfolgt nicht nur mit den Schritten Faserherstellung, Herstellung des Gegenstands und Entsorgung. Es fließen auch Produktionsprozesse ein, wie die Herstellung von Düngemitteln und Pestiziden, von Hilfschemikalien und Farbstoffen sowie von Wasch- und Pflegemitteln.
Für all diese Prozesse werden Ressourcen genutzt und es entstehen Abfälle. Überall kann umweltschädlich oder umweltschonend verfahren werden.

Von zunehmener Bedeutung für den Schutz auch erneuerbarer Ressourcen ist das **Kaufverhalten der Menschen** auf der Grundlage genauer Kenntnisse über den Herstellungsprozess eines Produkts, in das Ressourcennutzung eingegangen ist (Abb. 2). So kann die Wolle eines Pullovers von einem Schaf stammen, das einen ökologisch wertvollen Beitrag zur Erhaltung einer Kulturlandschaft geleistet oder das durch Überweidung zur **Bodendegradation** beigetragen hat.

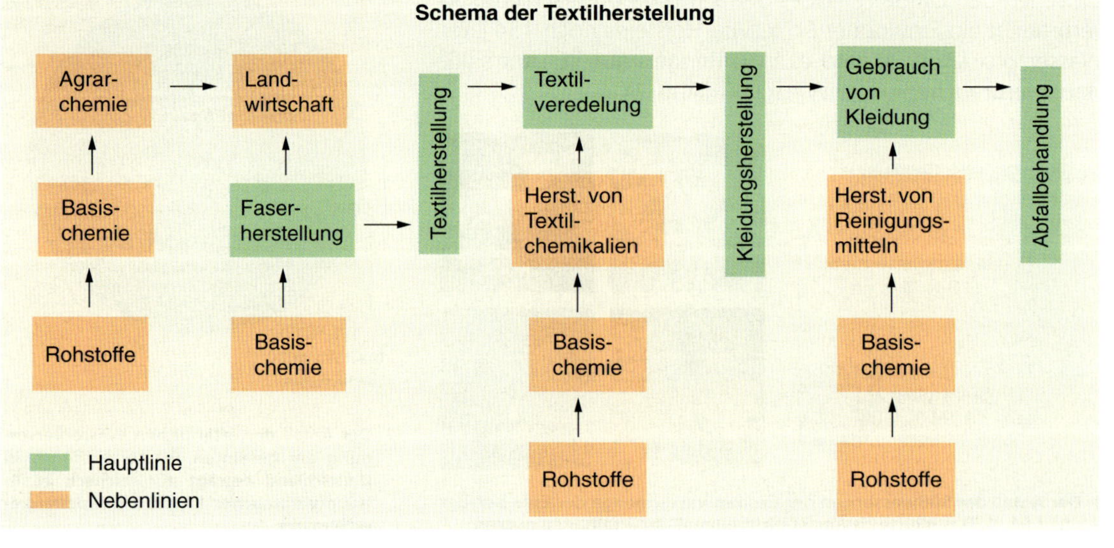

Jeder Mensch hat die Pflicht, durch sein Verhalten zum **Schutz der Natur** und zur **Erhaltung des Lebens** in seiner Vielfalt beizutragen. Dies gilt auch für Politik und Wirtschaft, die alles tun müssen, um die Entwicklung der Natur in ihrer Vielfalt nicht mehr als notwendig nachteilig zu beeinflussen.

Durch den Schutz der Natur und ihrer Ökosysteme können wichtige Voraussetzungen für ein erfülltes Leben der Menschen auch in der Zukunft gesichert werden.

Die Lösung der heutigen Probleme schließt auch die Frage ein, ob die Wirtschaft und der persönliche Konsum in den entwickelten Ländern weiterhin durch mengenmäßiges **Wachstum** oder durch qualitative **Entwicklung,** auch durch nicht materiellen Wohlstand, gekennzeichnet sein können.

Die Inanspruchnahme der Natur durch die Menschen wuchs in den letzten Jahrzehnten rasant. **Wissenschaft und Technik** hatten daran einen entscheidenden Anteil. Die Erfindung des Rades, der Dampfmaschine und der Eisenbahn, des Autos und der Autobahnen zeigen deutlich den zunehmenden Einfluss auf die Natur. Heute kommt es darauf an, Wissenschaft und Technik zur Erhaltung der natürlichen Lebensbedingungen einzusetzen.

Neue Technologien müssen umfassender zum Nutzen der Menschheit so eingesetzt werden, dass sie dem Planeten Erde und seinen Lebewesen nicht schaden.

Bezogen auf die Energieerzeugung könnte dies neben einer drastischen Einsparung beim Energieverbrauch u. a. die umfassendere Nutzung der Erdwärme und der Sonnenenergie sein. Moderne und noch zu entwickelne **Umwelttechnik** wird vieles zur Lösung von Umweltproblemen und für ein menschenwürdiges Leben aller Menschen auf der Erde tun können. Doch ohne Änderung von Verhaltensweisen der Menschen wird eine **nachhaltige Entwicklung** nicht zu haben sein (Abb. 1).

Dass die Probleme ernst genommen werden, zeigte bereits 1992 die Anwesenheit von über 100 Staats- und Regierungschefs unter den 30 000 Teilnehmern des Erdgipfels über Umwelt und Entwicklung in Rio de Janeiro. Hier wurde betont, dass das Recht auf Entwicklung so verwirklicht werden muss, dass „die Entwicklungs- und Umweltbedürfnisse heutiger und zukünftiger Generationen gleichermaßen befriedigt werden". Die **Klimarahmenkonvention** und die **Artenschutzkonvention** weisen auf die noch zu lösenden Hauptprobleme hin (Abb. 2 u. 3). Noch sind längst nicht alle Länder bereit oder in der Lage, notwendige Maßnahmen durchzuführen, wie die USA die Reduzierung des CO_2-Ausstoßes.

1 Autos mit Brennstoffzellen können den CO_2-Ausstoß und seine Folgeprobleme nachhaltig entschärfen. Für die Überwindung des Chaos auf den Straßen und zur Senkung der Unfallquote sind auch sie nicht geeignet.

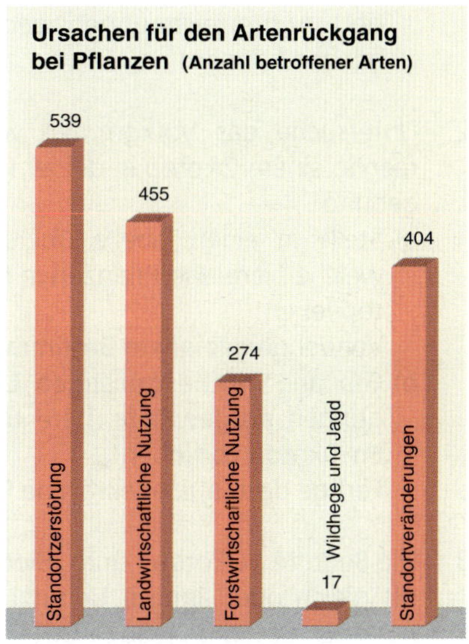

2 Die moderne Landwirtschaft ist in Deutschland der zweitgrößte Verursacher des Artenrückgangs.

Vernichtungsbilanz eines Tages
– 55 000 ha Tropenwald, – 20 000 ha verfügbares Ackerland, – 100 bis 200 Organismenarten, – 75 Millionen t CO_2 belasten die Atmosphäre.

3 Der tägliche Verlust an Ackerland entspricht einer Fläche von 24 km mal 14 km Kantenlänge. Der CO_2-Ausstoß hat Folgen für den Treibhauseffekt, die Ozonschicht, die Höhe des Meeresspiegels und die Anzahl der Arten.

3.4 Aufgaben

Größenordnungen von Ökosystemen

1. Ökotope sind – neben Ökoregionen u. a. – eine räumliche Größenordnung, in der ein bestimmtes Ökosystem mit all seinen Systemelementen und Wechselwirkungen zwischen ihnen funktioniert.
   a) Beschreibe einen Ökotop in deiner näheren Umgebung nach möglichst vielen Kennzeichen!
   Verwende als Gliederung die Elemente des Geotopes (s. S. 56)!
   b) Fertige einfache Skizzen von diesem Ökotop an!
   Überlege dabei, wie sich Kartenskizzen und Aufrisszeichnungen gegenseitig ergänzen können!

2. Untersuche das Vorkommen von Organismen in einem Ökotop in deiner näheren Umgebung!
   a) Stelle in einer Tabelle übersichtlich dar, welche Tiere und Pflanzen in diesem Ökotop leben!
   Verwende geeignete Bestimmungshilfen!
   b) Gib an, welche günstigen Lebensbedingungen ausgewählte Tiere und Pflanzen im Ökotop vorfinden!
   Fertige dazu aussagekräftige Fotos an!

3. Die Begriffe „Ökotop" und „Biotop" werden oft gleich oder ähnlich benutzt. Streng genommen bestehen jedoch Unterschiede.
   Erläutere Beziehungen zwischen beiden Begriffen!
   Nutze entsprechende Abbildungen im Buch!

4. Biotope können sich oft nicht ungestört entwickeln, sie sind bestimmten Gefahren ausgesetzt.
   Erläutere vorhandene und mögliche Gefahren für den Bestand eines Biotops in deiner näheren Umgebung!
   Welche Maßnahmen für den Erhalt des Biotops werden bereits ergriffen oder müssten durchgeführt werden?

5. Es gibt eine große Vielzahl unterschiedlicher Ökotope, aber auch gleiche oder ähnliche. In unterschiedlichen Ökotopen funktionieren unterschiedliche Ökosysteme, in ähnlichen Ökotopen ähnliche Ökosysteme.
   a) Vergleiche zwei vom Charakter her unterschiedliche Ökotope in deiner näheren Umgebung!
   An welchen äußeren Merkmalen sind Unterschiede bereits erkennbar?
   Begründe einige der Unterschiede!
   b) Zeige auf, dass es in beiden Ökotopen Stoffkreisläufe gibt, diese aber unterschiedlich sind!

6. Weise Beziehungen zwischen zwei Ökotopen in deiner näheren Umgebung nach!
   Stelle diese in geeigneter Weise dar!
   Gut geeignet für diese Untersuchung sind Ökotope, die unmittelbar benachbart sind.

7. Ökoregionen sind eine andere räumliche Einheit als Ökotope. Doch auch in ihnen funktionieren Ökosysteme.
   a) In welchem Verhältnis stehen Ökotope und Ökoregionen?
   Welche weiteren räumlichen Einheiten für Ökosysteme gibt es?
   b) Informiere dich z.B. unter www.wwf.de über Ziele und Inhalte der Initiative zum Schutz von Ökoregionen der Erde oder über Aktivitäten anderer Organisationen!
   c) Beschreibe die natürlichen Verhältnisse in einer Ökoregion und begründe, weshalb stärkere menschliche Eingriffe diese verändern können!

8. Ist es deiner Meinung nach gerechtfertigt, wenn durch die Menschen ganze Ökoregionen stark verändert werden?
   Diskutiere dies am Beispiel der Insel Bali!

Bali ist eine Insel, deren größter Teil von den Menschen sehr stark verändert wurde: Der ursprünglich vorhandene Wald wurde gerodet, wodurch viele heimische Pflanzen und Tiere ausstarben, wie der Bali-Tiger. Das Relief wurde mit Terrassen überzogen, auf denen sich durch Wasserüberflutung und starke Sonneneinstrahlung sowie durch die intensive Bearbeitung ein spezieller Boden bildete. Der natürliche Wasserabfluss in Bächen wurde in ein vom Menschen geregeltes Bewässerungssystem für die Terrassen umgewandelt. Das Mikroklima wurde durch die großen Wasserflächen verändert. Ursprünglich nicht heimische Tiere und Pflanzen haben sich angesiedelt.

9. Erläutere Zusammenhänge zwischen dem Klima und der Fauna und Flora in der Namib!

10. Gefahren für die Ökoregion Donaudelta entstehen durch einen nicht angemessenen Tourismus, umfangreiche Schilfernten und durch solch eine Verschmutzung der Donau, die die reinigende Kraft des Deltas überfordert. Im Schlamm abgelagerte Schwermetalle hinterlassen kaum zu behebende Schäden. Wie kann das Donaudelta vor schädigenden Einflüssen geschützt werden?

11. Eine große Gefahr für den Erhalt des tropischen Regenwaldes Amazoniens geht vom Holzeinschlag und vom nachfolgenden Ackerbau aus, da die Rodung das Ökosystem vollständig verändert: Die starken Niederschläge spülen den ungeschützten Boden sehr schnell ab, die ungehindert einfallende Sonne verhindert das Wachstum vieler Pflanzen und der Lebensraum vieler Tiere wird vernichtet. Weitere Gefahren sind durch den Abbau von Bodenschätzen und der damit verbundenen Umweltverschmutzung gegeben.
    a) Ist es gerechtfertigt, den tropischen Regenwald Amazoniens wirtschaftlich zu nutzen?
    b) Beschreibe den Stoffkreislauf im tropischen Regenwald und begründe, weshalb die Prozesse sehr schnell ablaufen! Verwende auch die Abbildung auf Seite 60!
    c) Welche Schlußfolgerungen für die Nutzung des tropischen Regenwaldes ergeben sich aus der Art des Stoffkreislaufes in seinem Ökosystem?

Die Sphären der Erde und ihre Entstehung

12. Ökosphäre, Lithosphäre, Atmosphäre, Biosphäre, Pedosphäre, Hydrosphäre und Morphosphäre sind Begriffe für Hüllen der Erde.
    a) Erläutere den Inhalt der Begriffe und stelle Zusammenhänge zwischen ihnen durch ein Schema oder eine Profilskizze dar!
    b) Welche Bedeutung haben die einzelnen Sphären für das Leben auf der Erde?
    c) Weise nach, dass Vorgänge, die einzelnen Sphären zugeordnet werden, mit denen in anderen Sphären verbunden sind!
    d) Sind alle Sphären in ihrer Gesamtheit der Ökosphäre zuzuordnen?

13. Die Sphären der Erde hatten nicht immer den heutigen Zustand. Sie sind das Ergebnis eines langen Entstehungsprozesses, der von der Entstehung der Erde nicht zu trennen ist. Bereite dich auf einen Vortrag zu den wichtigsten Etappen der Entstehung der Erde und ihrer Sphären vor!

14. Die Lithosphäre besteht zu 99 % aus nur neun chemischen Elementen. Das restliche 1 % enthält die allermeisten Elemente, die für das Leben sowie für technische Produkte unverzichtbar sind.

Sauerstoff	46,60 %
Silicium	27,72 %
Aluminium	8,13 %
Eisen	5,00 %
Calcium	3,63 %
Natrium	2,63 %
Kalium	2,59 %
Magnesium	2,09 %
Titan	0,44 %

    a) Weise nach, dass die Zusammensetzung der Lithosphäre Ergebnis einer Stoffsortierung bei der Entstehung ist!

b) Nenne in Ergänzung zur Tabelle weitere Elemente des restlichen Prozents der Erdkruste, die für das Leben bzw. die moderne Technik unverzichtbar sind! Gib Beispiele für ihr Vorkommen in Lebewesen und ihre Verwendung in der Technik an!

15. Auf die Sphären der Erde hatten in der Erdgeschichte Meteoriteneinschläge einen nicht geringen Einfluss. Von ihnen sind heute noch ca. 150 Einschlagskrater erkennbar.
   a) Sammle Materialien für einen Vortrag zu Meteoriteneinschlägen!
   Beachte dabei insbesondere den Arizona-Krater, das Nördlinger Ries und das Tunguska-Ereignis!
   b) Stelle in einer Übersicht dar, welche Auswirkungen es auf die einzelnen Sphären der Erde gegeben hat!

16. Evolutionsgeschichtlich hochbedeutend war der Einschlag eines etwa 10 km großen Objekts vor 65 Mio. Jahren in der Gegend der heutigen Halbinsel Yucatan im Golf von Mexiko. Das Objekt hinterließ einen Krater von 180 km Durchmesser. Ein so heftiges Ereignis hatte globale Folgen: Es führte zum Aussterben der Dinosaurier, ebenso zur Ausprägung der geologischen Grenzschicht Kreidezeit/Tertiär.
   a) Stelle die angedeuteten Zusammenhänge genauer dar!
   b) Diskutiere die These, dass Meteoriteneinschläge als „normaler" Baustein in der Evolution des Lebens auf der Erde angesehen werden können!
   c) Wie viele Meteoriteneinschläge von der Kraft des Objekts, das zum Ende der Kreidezeit die Dinosaurier auslöschte, dürfte es seit Beginn des Erdaltertums (Paläozoikum) gegeben haben (Auftretenswahrscheinlichkeit ein Mal pro 100 Mio. Jahre)? Wie viele in der gesamten Zeit des Bestehens der Erde?

17. Seit einiger Zeit ist bekannt, dass die Menschen nicht nur die Verhältnisse in unmittelbarer Nähe der Erdoberfläche beeinflussen können, sondern auch die Sphären der Erde. Weise diese Beeinflussung an drei Beispielen nach!

Bedingungen und Vielfalt der Ökosysteme

18. Eine wichtige Bedingung für die Vielfalt der Ökosysteme in der räumlichen Größenordnung Ökoregion stellt die Überlagerung von strahlungsbedingter und von baubedingter Großgliederung der Ökosphäre dar.
   a) Begründe, weshalb die Klimazonen der Erde nicht mathematisch exakt in West-Ost-Richtung verlaufen!
   b) Warum hat die Westwindtrift der Südhalbkugel keine Entsprechung auf der Nordhalbkugel?
   c) Warum gibt es in unmittelbarer Nähe des Äquators, wie hier am Kiliamandscharo, Eis und Schnee?

19. Lege zwei gleich große Eiswürfel auf einem hellen Teller in die Sonne und bestreue einen davon mit dunklen Gesteinsbruchstückchen! Beobachte den Zeitverlauf des Abtauens und vergleiche!

20. Erläutere, dass die heutige Durchschnittstemperatur an der Erdoberfläche auf die Wirkung des Treibhauseffekts *und* auf die Beschaffenheit der Oberfläche der Erde zurückzuführen ist!

21. Die erdnahen Planeten Mars und Venus haben andere Oberflächentemperaturen als die Erde. Dafür gibt es viele Ursachen.
   a) Erläutere Zusammenhänge zwischen den Oberflächentemperaturen auf Mars und Venus und der Zusammensetzung ihrer Atmosphären!
   b) Welche Beziehungen gibt es zwischen der Entfernung von Venus und Mars zur Sonne, der Zusammensetzung ihrer Atmosphären und dem Zustand des Wassers?

Klimaveränderungen und Ökosysteme

22. Beobachte bei einem Kühlschrank älterer Bauart die Zeitdauer beim „Abtauen"! Übertrage das Beobachtungsergebnis auf die Geschwindigkeit globaler Klimaänderungen bzw. die Pufferung solcher Prozesse!

23. Der Meeresspiegel sank zum Maximum der Kaltzeiten um ca. 145 m. Bei völligem Tauen der Eispolkappen und Gletscher würde er um 55 m gegenüber heute steigen.
   a) Zeichne für das Rheingebiet die Küstenlinie bei dem stärkstmöglichen Meeresspiegelanstieg um 55 m!
   b) Warum wäre das Abschmelzen der arktischen Eiskappe für den Meeresspiegelanstieg unbedeutend, nicht aber das Abschmelzen des antarktischen Eises? Schlage dazu eine experimentelle Veranschaulichung vor!

24. Fertige Fotos von Kondensstreifen an und vergleiche mit Bildern deiner Mitschüler!
   a) Wie viel Prozent des Himmels werden dadurch schätzungsweise zu Wolken? Welche Wirkung haben diese neuen Wolken auf die Erdtemperatur?
   b) Suche Angaben über die Zuwachsraten des Luftverkehrs! Wie oft sind deine unmittelbaren Verwandten im letzten Jahr geflogen?

25. Wie wirken Klimaveränderungen auf Ökosysteme, wie Ökosysteme auf das Klima? Beziehe in deine Erläuterungen Beispiele aus der Erdgeschichte mit ein!

26. Nachwachsende Rohstoffe werden als klimaneutral betrachtet und deswegen gefördert.
   a) Nenne nachwachsende Rohstoffe und beurteile deren „Klimaneutralität"!
   b) Warum hat die Abholzung von Regenwäldern einen Klimaeffekt, obwohl Holz ein nachwachsender Rohstoff ist?

27. Wissenschaftler beziffern die künftig jährlich auftretenden Kosten für Folgen von Klimaveränderungen auf 100 Mrd. Euro, alleine in Deutschland. Erläutere, wieso Klimaveränderungen Kosten verursachen!

Natur – Mensch – Technik und Ökosysteme

28. Arten von Lebewesen entstehen – Arten von Lebewesen sterben aus.
   a) Durch welche Prozesse können Lebewesen auf der Erde oder in bestimmten Gebieten der Erde aussterben?
   b) Woher hat man Kenntnisse über ausgestorbene Pflanzen oder Tiere?
   c) Führe Beispiele, die im Buch nicht aufgeführt sind, für nicht mehr auf der Erde lebende Organismen an!
   d) Welche Tierarten sind gegenwärtig vom Aussterben besonders bedroht? Nenne Ursachen für diese Bedrohung und diskutiere Möglichkeiten ihrer Beseitigung oder der Dämpfung ihrer Wirkung!

29. Erörtere, welche Umweltprobleme durch starkes Bevölkerungswachstum entstehen und wie sie vermieden oder eingeschränkt werden können!

30. In welcher Weise müssen sich Wissenschaft und Technik weiterentwickeln, um die Natur stärker zu schonen?

31. Welche Möglichkeiten bestehen, Energie einzusparen? Kann es gelingen, die Energieerzeugung in wenigen Jahren erheblich umweltfreundlicher zu gestalten? Begründe deine Antwort!

32. Trinkwasser steht nur in begrenztem Umfang zur Verfügung. Wobei und wie können große Mengen an Trinkwasser eingespart werden? Schätze ein, ob du mehr Wasser verbrauchst als erforderlich!

33. Gib Beispiele an, wo ein geschlossener Wasserkreislauf zu sparsamerem Umgang mit Wasser führen könnte!

34. Führe Beispiele aus deiner Umgebung an, wo Bodenflächen wieder entsiegelt werden könnten!

35. Korallen und Muscheln binden CO_2 aus der Atmosphäre, das im Kalkstein gespeichert wird. Durch das Aufschmelzen in großer

Tiefe kann CO_2 freigesetzt und durch Vulkane wieder in die Atmosphäre ausgestoßen werden.

a) Stelle dar, welche Folgen das weltweite Absterben von Korallenstöcken nach sich ziehen würde!
b) Wie wirkt sich der zunehmende Tourismus auf den Zustand der Korallenriffe aus? Stelle die Zusammenhänge am Beispiel des Great Barrier Reefs dar!

Ökologie, Ökonomie und Soziales

36. Besonders erforderlich ist die wirtschaftliche Entwicklung in den Entwicklungsländern, um den dortigen Menschen ein würdiges Leben zu ermöglichen.
    a) Wodurch kann die Armut in Entwicklungsländern eingeschränkt werden? Begründe deine Auffassung dazu!
    b) Diskutiere Auswirkungen der Globalisierung auf die armen Länder der Erde!
    c) Erläutere, ob es in der Weltwirtschaft ein Umdenken geben muss, um die Unterschiede zwischen armen und reichen Ländern zu verringern!

37. Der folgende Text gibt ein Beispiel wachsenden Lebensstandards:
    Bis vor wenigen Jahrzehnten waren die Alpen nur zu Fuß oder mit der Pferdekutsche zu bereisen. Heute existieren riesige Parkplätze und Tausende von Lifts bedecken die Hänge. Sie bringen Skifahrer in früher unzugängliche Gebiete, die auf kilometerlangen „naturbereinigten" Pisten zu Tal gleiten, die als Schneisen durch den Wald führen.
    a) Erläutere, ob wachsender Lebensstandard notwendigerweise zu negativen Einflüssen auf die Natur führen muss!
    b) Wird es Stillstand bei der Entwicklung des Lebensstandards geben?
    Verwende bei deiner Argumentation auch die Begriffe „quantitatives Wachstum" und „qualitative Entwicklung"!
    c) Diskutiere die Aussage, dass die Entwicklungs- und Umweltbedürfnisse heutiger *und* künftiger Generationen gleichermaßen befriedigt werden müssen!

38. Kann Naturschutz übertrieben werden? Interpretiere den folgenden Text!
    Der Naturpark Märkische Schweiz liegt in der Nähe von Berlin. Im September 2000 lehnten sich 300 Einwohner der im Park liegenden Stadt Buckow unter dem Motto „Schluss mit dem grünen Terror in der Märkischen Schweiz" gegen die Naturparkverwaltung auf. Diese will einen naturverträglichen Tourismus entwickeln, um die Lebensräume von Pflanzen und Tieren, wie die von bedrohten Schwarzstörchen, Fischottern und Eisvögeln, zu erhalten. Es sollen Totalreservate eingerichtet werden, die nicht betreten werden dürfen. Viele Einwohner sehen dadurch ihre wirtschaftliche Existenz bedroht, da viele Touristen ausbleiben würden, wenn sie nur von speziellen Wegen aus die Natur betrachten dürfen. Die Bürger forderten, 16 Orte aus dem Naturpark auszugliedern und die Kulturlandschaft zu erhalten.

39. Interpretiere das Foto, das in Afrika aufgenommen wurde, und stelle deine begründete Meinung dazu dar!